線上即戰場！

突破時代困境的
遠距溝通術

Online Communication

內容設計、說話技巧……
專業講師教你發揮實力不受限！

藤咲德朗／著　李秦／譯

前言 ——線上新時代到來——

本書是為了幫助對線上會議與線上研討會的溝通感到困擾的人而撰寫。

「線上研討會的聽眾反應不佳」
「不知道要如何在線上打造出安心且安全的空間」
「希望線上研討會可以更愉快地進行」
「希望能夠讓線上研討會的聽眾展露笑容」
「想知道如何引導線上會議的與會人員積極發言」
「請教我如何順暢進行及管理線上會議」

本書可以解決以上困擾。

我每年主辦150次以上的線上研討會與線上會議。參加者在研討會的過程中從頭到尾都面帶笑容，研討會結束後也笑容滿面，他們十分滿意並告訴我：「下次還想參加」。會議時，大家也都自由地陳述意見，並且實際執行，帶來高生產力的效果。本書也記載了這樣的成功法則。

線上新時代乃現在進行式。但是卻有很多人因為不知道線上溝通的方法而受到許多挫折。線上溝通其實有成功法則。

從前，即使你學過成功法則，但是如果沒有繼續精進就會跟不上時代。但是在線上新時代中，只要紮實地學習最新、最進步的資訊與知識，不論是誰都能夠立刻實行成功法則，我們正在經歷的正是這樣的時代。你過去覺得困難的那些事，在線上新時代中每個人都能輕鬆達成。這些知識你知不知道？有沒有學過？都會在新時代中讓你與他人產生極大的差距。

不論是誰，只要願意挑戰就能夠成功，這就是線上新時代。雖然這麼說，身在其中的我們，都曾在這混亂的時代中不斷痛苦掙扎，努力尋找方向。

我出生在九州的筑豐地區。我曾經歷過從煤轉變到石油的能源革命時期。煤礦封山，煤礦聚落也漸漸沒有人居住。我小學一年級時，就讀的是有超過1000名學童的大學校，但是到了小學五年級時，全校人數突然減少到300人以下。當時的我並不明所以，只記得對未來充滿不安。

那時的我也是懷抱著不安，與家人一同離開筑豐，到關西展開新生活。而當我開始新的生活後，不安漸漸消散，我對未來充滿新的希望。等到事情過去我才開始明白，當我們身處時代的洪流中，便會沒來由地感到煩惱與不安。

在2020年春天肺炎疫情開始之後，我想每個人都對看不清的未來有著難以名狀的不安。但是，當我們跨越這從未經歷過的疫情，迎接破曉的曙光時，你會發現也許這就是通往未來的幸福之門。

現在，因為疫情的關係，時代產生巨大的變動。在線上全盛的新時期中，線上社交能力，以及線上研討會與會議所需的溝通力都變成是必備的能力。希望本書可以成為讀者的助力，成為您邁向未來時充滿希望的第一步。

補充：作者主要使用的軟體為Zoom，所以都會以其事例做具體說明。有在使用Zoom的您請務必參考本書。

目次

第6章　這種情況怎麼辦？案例研究

第1章

主辦線上研討會的基本概念

第1節 不要誤以為「線上活動很簡單」

1 線上研討會與線上會議的現況

有許多人會誤以為只要學會操作軟體，不論是誰辦線上研討會與線上會議都可以輕鬆上手——實際上並沒有那麼容易，如果沒有好好學習流程與方法，那也不會順利進行。

我曾經有機會指導線上研討會的主辦方。一位社會保險勞務士將透過Zoom舉辦線上研討會，我請他先進行30分鐘的模擬講習，再加以指導。

首先，鏡頭擺設的位置出現問題。其將筆電直接放在桌子上，讓講師對著螢幕畫面說話，因此講師的視線就會是由上往下看向參加者。如此一來，參加者便會覺得有壓迫感。因為當天就要舉辦研討會了，所以我就建議可以先拿一個紙箱放在筆電下方，調整鏡頭位置與視線等高。結果這次線上研討會得到好評，並獲得再次舉辦年金研討會的機會。

不過也有人在參加了我的線上研討會之後，憤怒地說：

「我討厭線上會議！我公司也是開線上會議，根本一點用也沒有。我覺得還是不要再辦了。」

我認為線上會議無法順利進行主要有以下兩種情況。

其一是，雖然一般面對面的實體會議可以順利進行，線上會議卻很不順利。而另一種則是實體會議與線上會議皆無法順利進行。

實際上通常是後者的案例居多。因為實體會議都無法順利進行了，線上會議當然也不會順暢。

那麼，究竟為什麼實體會議會無法順利進行呢？那是因為彼此都沒有在會議以外的時間交談。對方的想法是什麼？對方工作時的思考模式為何？雙方都對這些基本資訊一無所知。所以在會議時，就無法理解對方提出意見時的背景與脈絡是什麼。

想要會議更有效率地進行的話，與會人之間平常就需要多多交談。並且在交談之中先與對方交換資訊與分享工作提案。如果公司在平日沒有累積這些基礎，那麼在會議時就無法互相討論，引導大家提出意見，會議也因此進行得不順利。換言之，在線上會議時也絕對不會有好的討論。

不過，在實體會議時還是可以透過觀察每個人說話的聲音大小、視線等判斷他對該意見的支持程度等。並且也可以透過發言者視線的方向得知他將要對誰說話。

然而在線上會議時音量可藉由電腦調整，所以我們並不曉得對方實際的說話音量。再加上每個人都是對著鏡頭說話，因此難以得知說話的對象。就結果來說，會讓聽者不太能意識到自己正是討論內容中的當事者。

也就是說，因為難以衡量對方的態度，也難引起雙方熱絡交換意見，才使得線上會議無法順利進行。

線上會議雖然起頭容易，但要成功進行和管理其實難度很高。想要成功執行線上會議有以下兩個重點。

首先，要增加在會議以外的交談機會，將平日的交談像儲蓄一樣存起來。第二，要指派一個人擔任主持人（facilitator）的角色。只要掌握這兩點，線上會議就能順利經營。

（※主持人＝在會議時根據主題或議題整理發言內容，且不偏袒任一發言者，適時發聲確保會議順暢進行的角色。主持人與議長、主席不同，並沒有決定權。）

2 研討會的規範與禁止事項說明越簡短越好

主辦研討會的講師可以訂定研討會的規則。像是在會議時，主辦方可以規定「認真聽完對方想要講的內容」、「每個人至少都要說一個自己的意見」、「必須在會議開始的5分鐘前上線」等，這些讓組織或社群可以順利運作的規則。

以我自己主辦的線上研討會來說，事先也會有一些希望參加者可以遵守的規則，以下我將會一一說明。由於許多與會者是第一次參加線上會議，所以我會在研討會一開始就先說明清楚。

① 須將視訊鏡頭開啟

如果演講時需要看到參加者的反應，那麼不開啟視訊鏡頭就看不到對方的表情，也不會得知參加者的反應。看到參加者的表情，才能夠調整演講的內容、變更主題，也可以調整時間的長短等。

② 使用電腦參加

會要求參加者不要用手機，而是用電腦參加研討會。如果不是用電腦的話，那麼在畫面共享時觀看投影片資料，或是分組討論時，就會有功能無法正常使用的狀況發生。

③盡量在安靜的場合參加

參加者的麥克風收到周圍環境音的話，講師就會無法專心。如果無法避免的話就需要請參加者將麥克風調成靜音。

④請參加者放大反應

我會請參加者在拍手或是面露笑容時，動作都要比平常更明顯。

我會將研討會規範控制在以上的程度。但是我也知道有些主辦單位會在線上研討會開始時傳達各種禁止事項。比方說就像是以下幾種：

- 講座期間請勿飲食。
- 為加深學習效果請積極參與。
- 請清楚講座的宗旨後再參加。
- 參加過程請盡可能使用耳機。
- 未經同意不得錄音、錄影以及分享影片網址。嚴禁在聊天室中惡意中傷誹謗他人，或是公開參加者的個資。

・講座中嚴禁各種商業活動與宣傳活動。

主辦方如果像這樣傳達過多禁止事項的話，會讓參加者對研討會留下不安全、無法讓人安心的印象。

要注意，規則不能過於嚴苛。而且傳達時要溫柔親切，若能嚴選最低限度的規定，就能輕易創造出一個讓人覺得舒適安全、安心的環境。

3 要有心理準備會有人中途離席

在線上研討會時，時常會有人中途離席。在實體研討會，幾乎不會有人在講師演講時中途離席。但是在線上研討會時，參加者一旦感到沒興趣、無聊、沒意義時，便會像覺得電視節目無聊就轉臺一樣直接離席。

也有參加者雖然沒有中途離席，卻在研討會中做自己其他的工作。像是一邊聽講師演講，一邊收發電子郵件，或是在瀏覽Facebook和留言等。他們認為只要聽對自己有幫助的部分就可以了。

儘管有需要參加者們一同完成的活動，有些人也會表現出不想參加的態度，認為那很浪費時間。或是有些人雖然有開啟視訊鏡頭，但是在鏡頭底下卻準備了另外一台電腦，用來收發信件或是在看Facebook和留言。

在線上研討會中，你必須準備一些技巧讓參加者全神貫注在講師身上。如果不學習這些技巧，那也遑論要順利進行線上會議或研討會了。

4 如何應對不願露臉的參加者

在線上研討會中，有多少參加者願意露臉開啟視訊鏡頭是關鍵。將露臉作為參加條件，讓參加者全員都同意露臉是成為熱門研討會的訣竅。如果不先設下這個條件，甚至有研討會的半數參加者都不願露臉。如此一來，講師就無法在研討會中觀察參加者的反應。若是研討會中超過半數的參加者不願露臉，講師無法得知參加者的反應便會感到無所適從。講師的狀況不好，研討會也理所當然難以讓參加者滿意。

參加者的不安也是他們不願意露臉的原因之一。對研討會的不安來自於不確定講師是怎樣的人，以及不確定其他參加者是什麼樣的人。再加上參加者也會因為不確定自己跟不跟得上講師所講的程度內容而感到不安。

另外，強制與初次見面的陌生人交流，也是參加者的壓力源之一。當主辦方突然說：「我們現在要分組討論，請大家互相交流」，對初次參加的人來說，這就像是要去危險又恐怖的地方一樣。因此也有些參加者不願露臉，也拒絕參與分組討論等活動。

所以在主辦線上研討會時，必須思考要如何經營才能消除不願露臉的參加者的不安。

第2節 快樂的學習

1 推薦大家「樂習」

人在「學習」時，我認為都符合以下7個原則。

・人只會學習想學的東西
・如果有積極參與的動力，那麼就會大幅增加學習的質與量
・如果可以認同自己學習的意義與價值的話，就會積極地去學習
・人需要有可以安心學習的環境
・如果有人協助的話學習效果會更佳
・如果學習時能得到回饋的話會學得更好
・如果能與人互相稱讚、互相學習的話效果會更好

在線上研討會時如果也能掌握以上原則的話，就能打造出舒適安全、令人安心的環境。比方說，主辦方不能只要求參加者展現出積極的態度，重要的是自己也必須實踐上述原則。當你可以做到之後，會發現在不知不覺中，參加者的態度也逐漸變得積極。這時我們必須活用「樂習」。

「樂習」的意思是「活潑、有笑容、有新發現以及有實作」的教育方式。主角是參加者們。參加者從「覺察」與「學習」中帶著笑容，加深與對方的理解，並且成長。

樂習主要有兩大特徵。

第一個是，不要使用命令的話語，講師要率先做示範。這樣可以促進參加者自發性的行動。我會以學習金字塔解釋其正確性。

學習金字塔（Learning Pyramid）是由美國教育學者艾德加・戴爾（Edgar Dale）提出，他研究學習的方法會如何影響學習的保持力與成效。雖然近年來有許多批評學習金字塔的言論，但是以其作為學習模型來說十分好理解，所以我會簡單介紹各個階段的內容。

①聽講（5％）

指的是出席講座的狀態。單純坐在座位上聽老師講課，如果不是自己特別感興趣的內容，幾乎都會忘記。單純聽講的話，殘留在記憶中的比例為5％。

②讀書（10％）

閱讀既定的參考書、學校推薦的課外讀物，或是自己選擇閱讀與上課內容相關的書籍，殘留在記憶中的比例為10％。

③視聽〔藉由影片或聲音學習〕（20％）

在研討會中，運用投影片簡報或是放入影片的話，光聽就能達到很好的效果。但是，殘留在記憶中的比例也只有20％左右而已。

④觀看示範（30％）

實際觀看他人實作示範，如果是演講的話就等同於「觀看老師實際操作」。運用肢體實際示範的內容，比起解說文字與影片等還要讓人印象深刻。停留在記憶中的比例為30％。

⑤與他人討論（50％）

在群組內自由與他人交換意見、互相討論，或是決定好主題互相辯論，殘留在記憶中的比例為50％。當與他人交換意見時，就必須在腦中整理想法，並且化作語言傳達給對方。所以會比單純聽或看需要更多主動的意識，因此停留在記憶中的比例也比較高。另外，在互相交換意見時也能從對方的發言中獲得新發現或新知識。

⑥ 實作經驗與練習（75％）

在作業中實際體驗過動手或身體的經驗之後，頭腦記憶的效果就會大幅提升。殘留的記憶比例為75％。

⑦ 教導他人（90％）

自己必須完整理解內容才有辦法教導他人。當累積許多實務經驗，特別是有經歷過失敗的經驗時，便能更有效地教導他人，停留在記憶的比例最高，為90％。

當你要舉辦線上研討會時，請不妨參考學習金字塔的理念實行。參加者單方面聽講的學習效果並不好。舉例來說，可以在每個講習的小主題結束後對參加者提問。讓參加者參與實作。規劃參加者互相分享的時間。然後，在某些情況下讓參加者擔任講師。也就是說，將「學習的場域」轉變成「互相學習的場域」。這就是「樂習」的真意。

另外一個特徵是，如同文字所示要「快樂地」學習。不能在研討會學完就結束，必須引導參加者做出行動。這是為了讓研討會成為快樂學習的場所而下的工夫。人類有重複做開心事情的習性。正因如此，為了讓參加者在研討會後願意實際實踐，必須在研討會中營造出開心的氛圍。

2 樂習線上研討會的成功事例

這個例子來自一位參加線上研討會的參加者。

他說他們公司決定用Zoom舉辦企業研修，但是他對於用Zoom辦研修沒有信心。之後他因緣際會參加我以「樂習」為主軸舉辦的Zoom線上研討會。結果令他十分震驚。沒想到線上研討會竟然可以像演唱會一樣互相交流，並且實際體驗到打造出一個令人安心、舒適安全的具體環境原來如此容易。他的神情也多了幾分自信。

之後，他傳訊息跟我道謝，說他舉辦的Zoom研討會十分成功，字裡行間透露出他的興奮與喜悅。

學習之後立刻實踐，這就是我說的「輸入（input）後立即輸出（output）」。這是成功人士的行動特徵之一。拿不出成果的人只願意把時間花在輸入（input）上。換言之就是學習完就結束了。

然而樂習的概念卻不是這樣。樂習認為教學的人才是學到最多的人。所以在研討會中我會設計輸出的時間，讓參加者轉換為講師的角色愉快地教學。這麼一來參加者會增添自信。在樂習中製造出可以互相教學、互相學習，以及互相支持的環境十分重要。

最後是一名參加者的感想，他曾參加我每個月所舉辦的4小時線上研討會。

「在我成為一名社會保險勞務士並且獨立開業之後，為了拓展業務範圍，我參加了各式各樣的研修。原本我從未在Zoom上參加線上研討會而感到十分不安，後來證明是我多慮了。在藤咲老師優秀的人品與教程之下，第一次見面的同學在研修結束後竟像是交往多年的好友。研討會就像是讓相距甚遠的參加者們的心可以即時聯繫在一起的空間。我會推薦這個研討會給想要發自內心展露笑容的你。」（御代田裕介先生・社會保險勞務士）

專欄　**運用電子刊物獲得好成果**

某公司委託一位企業講師在Zoom上開辦線上企業研修。因爲他什麼都沒有準備，正感到頭痛的時候，他突然想到：「對了！有藤咲老師的電子刊物可以看。」

只要搜尋過往刊物的紀錄，全部都可以重新閱讀。因此線上企業研修也圓滿完成了。

雖然刊物內只是記載了一些訣竅，但是知道這些訣竅，與不知道這些訣竅的人還是有很大的差別。而且只有聽跟閱讀的話還是跟實際體驗有很大的落差。那位企業講師實際參與我的線上研討會後也大吃了一驚。他的感想是：「沒想到線上研討會竟然那麼有趣！」

第3節 流程計畫以及製作腳本

1 以60分鐘為一個區塊思考流程

有線上研討會最適當的時間為多久呢？我曾經做個100人左右的問卷調查，結果單純聽講師上課的話90分鐘似乎是極限。如果是穿插許多課題、互動交流型的研討會的話，大約3小時為上限。不管是哪一種，大前提都是需要適度的休息時間。

再更深入分析，假設一個3小時的研討會，講師在台上講課而參加者專注聆聽的極限為15分鐘。因此可以得知，舉辦互動交流型的研討會時，每個主題也應該以10～15分鐘為一個單位，並且需要制定流程計畫。接下來要配合流程思考要說的內容，並且先寫好腳本。

我的流程會在導入部分與開場暖身花10分鐘，最初的講義主題10分鐘，下一個講義主題15分鐘，第三個講義主題15分鐘。接下來就進入10分鐘休息時間。像這樣的組合可以製作大約1小時的流程計畫。之後配合流程計畫寫下腳本，就可以依此進行線上研討會（圖1）。

圖1　第2屆笑臉力提升線上研討會流程表6月10日（星期四）

時間	項目	注意事項等
	研討會開始前15分鐘進入Zoom會場等待，準備好紙筆等文具。	
第1小時 13:00～13:50 打招呼與暖身 （50分鐘）	＜講義＞自我介紹與開場詞 ・簡單打招呼與笑臉習作、拍手習作等（10分鐘） ・講師的心理建設、任務、共享願景（10分鐘） ・這星期感到開心的事、實作開心的事（15分鐘） ・回顧上次的內容（15分鐘） ＊因為是第2次舉辦，所以習作部分會由參加者擔任講師	
休息13:50～14:00		
第2小時 14:00～14:50 （50分鐘）	・決定目標習作（5分鐘）、益智問答（5分鐘） ・笑臉的優點與缺點（15分鐘）～寫下答案後分組討論 ・你的周圍誰的笑容最亮眼（10分鐘）～分組發表 ・笑臉的三個效果（15分鐘） ＊進行刷牙笑臉體操	
休息14:50～15:00		
第3小時 15:00～15:50 （50分鐘）	・養成笑臉體質的三個方法（15分鐘） ～改變行動的習作、改變臉部表情的習作、提升感謝力的習作 ・進行刷牙笑臉體操（10分鐘） ・梅拉賓不一致實習（10分鐘）、即效稱讚用語習作（15分鐘） 即效稱讚用語習作以分組討論進行	
休息15:50～16:00		
第4小時 16:00～17:00 （60分鐘）	・藤咲塾第二屆線上研討會所學到的事、接著發表自己下定決心要做的事（15分鐘）～先以分組討論進行，之後再對所有人發表 ・提升社交能力習作（15分鐘） ・提升自我印象習作（15分鐘） ・結語（15分鐘） ・配發笑臉自我檢查量表	
下次	・回顧笑臉自我檢查量表	

另外，在15分鐘的主題講義中，不要全部內容都由講師自己說明，可以留3分鐘左右讓參加者分享。有些人也會在聊天室中寫下自己的發現與問題。再來，如果發現聽眾們臉上的笑容漸漸消失時，就要加入破冰橋段。我也會準備幾個小笑話穿插在課程中。

2 在投影片中寫下時間流程

我會配合線上研討會的主題製作PowerPoint投影片簡報，還會在每一個投影片中寫下時間流程。這麼做可以清楚得知每張投影片所需要講解的時間，並且能調整研討會整體的時間進度。

在線上研討會中，準時結束為一大前提。幾乎所有參加者在研討會結束後都有其他的安排。也有些人在研討會結束的1分鐘後就要立刻參加其他的研討會。換言之，就算只延遲1分鐘也會失去參加者對你的信賴。

不過，如果為了準時結束研討會，卻沒有詳細說明後半部的投影片簡報的話，那麼一樣會在研討會中失去信用。以15分鐘為一個單位制定主題的話，就能配合流程以1分鐘為單位調整，這麼一來就能避免省略後半部投影片說明的情況發生。

3 以每小時休息一次為基本

在企業主辦的研修中，有些線上研討會會連續上課8個小時。比方說從早上九點到下午六點的線上研討會。

這種長時間的線上研討會必須注意的是，要讓參加者有足夠的休息時間。午休一定要預留1個小時。然後每個小時的課程中要預留10分鐘的休息時間。多安排破冰的實習內容也很重要。

如果像這樣好好規劃流程，就能減輕參加者的疲勞。也要記得提醒參加者事先準備好飲水與零食，適時補充水分與糖分。

在線上研討會時，考慮到參加者眼睛與身體的疲勞，原則上每個小時要休息一次。厚生勞動省（相當台灣的衛福部）在「VDT（Visual Display Terminals）作業相關勞動衛生管理指引」中有詳細記載辦公室工作型態的適度休息頻率。具體來說，「單一連續作業時間不得超過1小時，在下一個連續作業之間要設定10～15分鐘的休息時間，且在單一連續作業時間內需設定1～2次停歇時間」。

當然厚生勞動省的指引是針對從事事務類型的勞動者所訂定，不過基本內容都是連續作業時間不超過1小時，連續作業之間需有10～15分鐘的休息時間才是理想的狀態。所以在線上研討會的時候，也必須用同樣的基準設置休息時間。在休息時間建議參加者可以閉目養神，或是做一些輕度活動，像是站起來適度走動等。

在參加者休息時，講師可以依據參加者的程度調整課程的難易度。比方說，可以削減某些課程，或是追加某些必要的課程等些微調整。有時候講師也會調整之後課程進行的順序。然後講師也可以在休息時回想剛才參加者有說過哪些話，有什麼樣的反應等，並思考下一節課可以說什麼樣的內容。

線上研討會的講師在課程完全結束前都沒有休息時間。不只是上課時，連休息時頭腦也是高速運轉的狀態，用盡全力就是為了研討會能呈現最佳效果。不斷累積線上授課的經驗，就是講師培養體力最好的方法。跟運動一樣，反覆鍛鍊就能增強體力。

專欄

線上研討會的休息時間都在做些什麼～參加者問卷調查結果

・把衣服放進洗衣機洗　・曬衣服　・摺衣服　・打掃廁所或浴室
・碗盤放入洗碗機洗　・洗碗　・腰痛體操　・拉筋
・在家附近散步　・去信箱收信　・準備餐點　・打掃
・與遠距上班的先生說話　・和妻子或兒女閒聊　・喝茶休息
・吃點心　・在沙發上放鬆　・吃飯　・回信
・回Facebook留言　・查看社交媒體

這樣看下來會發現有滿多人在休息時間做家事。身爲線上講師，很容易就會誤以爲參加者在休息時間會好好休息，不過也要考慮到其實很多人都在休息時做家事。

我參加其他研討會時，也會在研討會開始前先把洗衣機開關按下，等到1小時後的10分鐘休息時間再去陽台曬衣服。就算突然下雨也能立刻把衣服收回來，這也是線上研討會的好處之一。我也會在休息時間做沙拉或是烤地瓜，也會和國中放學回家的女兒打招呼。

休息時間還能做家事眞的是線上研討會的一大優點。

4 製作線上會議的時間表

線上會議的成功要素就是事先擬定好流程計畫。製作流程計畫有7個重點，我將會在以下詳述。

①釐清會議的目的

比方說，即使是每個月定期召開的例行會議也必須釐清開會目的。

我知道有一些線上會議的目的就是召開會議本身，但其實線上會議不過就是一種媒介罷了。一般來說，召開營業會議或是跨部門會議的目的，應該是為了讓組織更有效率地達成目標。在召開會議時，首先應該先向與會人傳達會議的目的再開始開會。

②釐清會議的目標形象

釐清目標的形象也很重要，也就是說在會議結束前，想要在會議中得到什麼樣的成果。甚至可以說「因為會議沒有目標形象才會拿不出成果」。

能讓會議順利進行的主持人，通常在心中都會描繪自己設定的目標形象。舉例來說，如果是中期經營計畫的發表會議上，接下來就要朝中期計畫進行。雖然多少會有些變更，但是在大方向上希望大家可以達成共識——這就是目標形象。

③為了讓議題順利進行，必須設定會議規則

每個公司都有獨自的風氣。在會議上也可以看出該公司的風氣。比方說棒打出頭鳥的風氣、不能亂說話的風氣、不能反對上司發言的風氣……應該有很多。而且我想大部分應該都是約定俗成的風氣。

如果希望會議可以有結果，那麼就需要建立一套線上會議專屬的規範。「別人發言時必須專注聆聽」、「有意見時請在畫面中舉手」、「拍手時請動作大一點」等。要制定線上會議的規則，有一個簡單的方法。那就是請每個人將希望會議上大家遵守的規則寫在聊天室中。只要將這些意見彙整，就能製作出十分有用的線上會議規範。

④掌握與會人員的特性、狀況與人數，訂定會議執行作戰計畫

主持人必須先訂好執行會議的作戰計畫。比方說請特定的參加者準備成功事例。如果是以互相分享資訊，目的為提升業績的會議，那麼就需要事先調整，請與會人員先準備成功案

例並在會議上發表。也必須先請他們先做好發表用的投影片簡報。多累積這些事前準備的經驗就是提升會議品質的祕訣。

另外，平日的人際關係對會議也有很大的影響。如果與會人員之中有人排斥線上會議的話，主持人在訂定作戰計畫時就必須一併考慮到這些人的特性。

⑤設計會議日程與事務手續

線上會議有時候會沒有辦法按照表定時間準時開始。這可能是由於日程、時間等聯絡上的疏失，參加者沒有在事先或會議前確認自己的行程，或是參加者自己缺乏自覺性。主持人也需要在事前調整好相關規劃。

⑥決定主持人的職責

無法自由發表意見的會議，通常都是因為主講者在暗中發揮威權的力量。主持人必須在會議的流程中扮演協助的角色，因此必須先決定好主持人的職責。

⑦設計討論主題與流程預定

必須先制定當天會議進行的流程。需要有計畫地事先設想每一個主題的時間分配與休息時間。接下來，配合流程預想會議的樣貌。可以先擬定一個腳本，設想每個主題中可能會出現的意見。事先掌握與會者的特性，就能預測在什麼時候會出現怎樣的意見。事先預測當意見分歧時該如何應對也很重要。

從以上的重點可以得知，在會議中主持人扮演很重要的角色。作為一個主持人需要準備的事項我彙整在圖2中，請務必參考。

圖2　主持人的會議準備確認表（線上會議版）

項　　目	評　價
	3…有做到 2…不確定 1…沒有做到
（1）明確掌握會議的目的	3　2　1
（2）掌握與會成員的特性、人數	3　2　1
（3）事先傳達會議的議題、主題與必要資訊給與會人員	3　2　1
（4）需要協助時，有做到事先調整，並委託他人在會議上發表意見等	3　2　1
（5）思考可能會出現的意見，以及出現反對意見時如何應對	3　2　1
（6）設想會議結束後的目標	3　2　1
（7）思考會議的時間等是否會給與會人員帶來負擔	3　2　1
（8）時間流程表是否規劃完善	3　2　1
（9）有考慮到不熟悉線上會議的人（事先教導操作方式，請對方提早進入會議室確認訊號沒問題）	3　2　1
（10）確認過（1）～（9）的內容後，製作會議計畫書，準備迎戰	3　2　1
（11）傳達會議的目的（主旨）給與會人員	3　2　1
（12）先決定好會議的進行方式（會議規範～認真聽完他人發言等規則）	3　2　1
（13）決定好工作分配（主講者、記錄人員、計時人員等）	3　2　1
（14）也有顧及會議氣氛（會議暖身、破冰活動、休息時機）	3　2　1
（15）成為傾聽動作的模範（眼神接觸、點頭示意、適時回應、重複對方的話，歸納對方表達的意思、配合對方的節奏）	3　2　1
（16）確實運用詢問的技巧（6W1H～什麼、為何、何時、何處、誰做、向誰報告、怎麼做）	3　2　1
（17）對與會人員察言觀色（別忘了點名發言較少的人。掌握與會人員肢體中透露的訊息）	3　2　1
（18）運用投影片功能與聊天室功能，讓主題與意見一目了然	3　2　1
（19）整合會議的內容（整合問題與對策、整合宏觀與微觀、整合現實論與正論）	3　2　1
（20）整理線上會議中的決定事項，跟與會人員確認實行計畫的工作分配	3　2　1

第4節 事先掌握參加者的資訊

1 收集參加者的資訊

有一位新的參加者從未參加過你舉辦的研討會。當他寄來一封申請書時，這時你該做的就是收集資料，了解這位參加者是怎麼樣的人。如果在申請書上設計填寫職業的欄位，就能掌握對方的職業。另外，如果可以知道對方的介紹人是誰，就可以設想他與介紹人有相似的價值觀。光是這些其實就包含了很大量的資訊。如果可以掌握線上研討會參加者是怎麼樣的人，就可以預先設想講座的內容。

掌握到會有哪些人來參加，就可以開始模擬線上研討會。模擬訓練時，可以調整基本的流程計畫，也可以調整腳本。當然實際的線上研討會時，參加者可能與你原先預想的不同。這種情況再當場重新調整就好。

事先掌握資訊還有其他好處。舉例來說，如果知道參加者的介紹人是誰，你就可以在研討會中簡單說一句：「您就是某某人介紹來參加的吧！」這麼一來參加者便會面露笑容，也會更專注於聽講。另外，當參加者與你討論煩惱時，如果事先知道他們的職業，就更容易切中要點。

比方說你可以跟社會保險勞務士說：「現在是年度更新最忙碌的時期吧。感謝您特地抽空參加」；也可以對經營餐飲業的業者說：「在疫情期間經營餐飲店很辛苦吧」，像這樣簡單與他們搭話，參加者就會因為有人理解自身狀況而感到安心。

2 在Facebook上搜尋參加者

假如從申請書上無從得知參加者的資訊，那麼你可以從Facebook搜尋，確認參加者的基本資料。對方有哪些朋友？發過什麼樣的貼文？事先調查就能大致掌握對方所重視的價值觀。因為參加者平常在Facebook的貼文，基本上都會反映出他所重視的價值觀與信念。

不過也有一些人的名字在Facebook上面搜尋不到。也許不只是因為他沒有使用社交媒體，可能是因為他不擅長或是排斥社交媒體。如果是這種情形，可以猜想他也許也不擅長操作Zoom等線上工具。在線上研討會開始前預留基本操作Zoom的教學時間，這樣就可以避免正式開始時發生狀況。

我在搜尋Facebook的時候，有時候會發現彼此之前已經互加好友了。這種情況我就會在Facebook傳送訊息，感謝他申請參加我的線上研討會。幾乎大部分的人直接收到訊息都會感到開心。我在收到別人道謝的訊息時，也會請他訂閱我的電子刊物。

3 在線上研討會開始之前先建立友好關係

申請參加線上研討會的人當中有60％是我電子刊物的讀者。有些人在申請階段時並沒有成為我Facebook上的好友，我心想：「會是誰呢？」搜尋電子刊物的讀者名單之後，才發現是我多年來的忠實讀者。這時候，我就會寄送感謝的電子郵件給對方，並請他加我Facebook好友。

像這樣在線上研討會開始之前與參加者建立友好關係很重要。我請他們在研討會開始之前加我Facebook好友，或是訂閱我的電子刊物都是為了建立講師與參加者之間的關係。

從開放申請研討會到研討會開始當天，假設有十天好了。在這十天之間，參加者每天閱讀我的電子刊物或是Facebook的發文可能性很高。這麼一來，有大部分的狀況是，雖然在研討會是與我第一次見面，但他們在看我時也會帶著親近且溫柔的笑容。當然同時我也掌握了對方的資訊，所以可以與他們拉近距離，個別問候。

第5節 至少要準備兩台電腦

1 兩台電腦為最低限度的需求

線上工具Zoom的優點就是可以輕鬆錄下線上研討會的畫面。講師可以透過錄影重新檢視自己的說話方式與神情。這個重新檢視的動作很重要。藉由掌握自己在他人眼中的樣子，可以不斷改善並進步。

在正式研討會之前，可以自己用Zoom練習，並且觀看錄影的畫面。如此一來就能立刻發現自己需要改善的部分。另外，練習的時候不只是要準備研討會用的電腦，還需要準備另外一台電腦，用來確認參加者看到的自己是什麼樣子。練習時客觀地掌握自己姿態與表現很重要。

還有就是必須時常舉辦講座，不斷挑戰自己。只要在每次的過程中改善自己的不足就好了，每一種學習都需要實踐才會有新的發現。我都告訴大家重要的不是PDCA循環，而應該是DCAP循環（特意從D開始）。

我自己在講課時也會確認兩台電腦的畫面。一台電腦用來看自己與參加者的表情。我說話時會同時確認參加者的笑容與發問時的表情。另外一台電腦用來觀看參加者們所看到的畫面。這麼做可以幫助我檢查在說明資料共享畫面時有沒有順利顯示等，可以確認自己有沒有操作上的失誤。而我在講課時也會同時查看兩台電腦的畫面，在研討會進行中也會時常思考「怎麼做會更好」。

再來，用於線上研討會的電腦考慮到使用的方便性上可以選擇螢幕較大的機型。我自己是用14吋的筆記型電腦。因為有時候我在出差時也需要線上討論，或是進行線上研討會，所以這個大小既方便攜帶，使用上也很剛好。我以前也用過12吋的電腦，但是我記得畫面太小，用在線上研討會時很不方便。

如果你不需要考慮到移動的方便性，那麼用桌機連接大螢幕就可以更清楚看到參加者的表情。我自己會在20人以上的大型研討會中改用27吋的大螢幕。

專欄 **移動時也攜帶兩台電腦**

如果我要辦的線上研討會剛好遇到出差。這種情況我會毫不猶豫地攜帶兩台電腦去。我認爲如果想要舉辦一個可以滿足參加者的研討會，那麼兩台電腦是不可或缺的。我會將兩台電腦各自放進筆電包裡，再一起放入後背包型的筆電包中，小心翼翼地帶出門。

2 預防電池電力不夠等狀況的預備知識

每個參加者線上環境都不同。有時候會因為硬體的問題導致畫面停頓，通常可以歸類成3大原因。

①在使用者多的時間帶使用所以停頓
②裝置（手機或電腦）有問題導致停頓
③網路環境不佳導致停頓

① Zoom使用者較多的時間帶

如果不是只有自己的畫面停頓，而是所有會議參加者的電腦都停頓的話，原因可能出自伺服器。在同一時間的使用者越多，伺服器就會越慢。最糟的情況也可能會連結不上。如果發生這種狀況我們使用者也無能為力。只能試著多連接幾次。Zoom是現在最受歡迎的視訊會議工具，所以使用者也不斷增加。不過他們幾乎每個月都有在改善，所以在我的研討會中幾乎沒有因為Zoom的系統問題而出現狀況。

② 裝置有問題

這種情況通常都是電腦的問題。我覺得這種情況滿多的。如果有「不是只有用Zoom的時候，用Word或Excel的時候也會卡住」、「開機時間很長」狀況的話就是電腦的問題。最好的解決方法就是換一台新電腦。因為使用Zoom會占用很多記憶體，所以容量小的低價位電腦使用起來就會很吃力。

如果平常開機就很花時間，或是日常使用上就經常卡頓的話，那很可能是電腦本身的使用壽命到了。一般會建議使用2～3年就可以更換新電腦了。

③ 網路環境不佳

最後是網路環境不佳導致的情況。這也許是最多人遇到的狀況。「把YouTube調成高畫質時就會卡住」、「寄信時附加照片就寄不出去」，如果平常就有以上這些困擾的話，全部都是因為網路速度不夠快的緣故。

想要改善網路速度的話，使用高效能Wi-Fi是最快解決的方法。如果是線上講師，建議可以直接在電腦接上有線網路是最好的方式。

專欄

畫面停頓的原因是？您家的孩子有玩線上遊戲嗎？

有一位參加者在線上研討會時電腦畫面卡住。他是在星期六時在家中參加研討會的。在確認環境過後，發現他國中的兒子正在玩線上遊戲。因爲他們都是使用同一個Wi-Fi，所以請兒子結束遊戲後畫面就恢復正常了。

第2章

線上溝通的
成功法則～啟動篇

成功法則1 起頭很重要

1 研討會開始前30分鐘先確認通訊

講師或主辦人在研討會開始前30分鐘要先上線（Zoom等），確認電腦是否有正常運作。預留30分鐘的時間，就算出什麼狀況，也能即時聯絡參加者等做出應對。常發生的狀況是弄錯Zoom的網址。不過只要立刻改正，重新引導參加者進入會議室就可以了。

開講前的30分鐘，講師或主辦人為了能夠立即應對參加者的問題與狀況，必須確保手機、E-mail以及Facebook的Messenger一有通知就能立刻處理。雖然有些情況光一個人會有點忙不過來，但是如果有先預留30分鐘的心理準備時間就有辦法處理。

另外，必須先告知參加者不是時間到了才進入會議室，而是要在開始之前15分鐘就先進入。這樣的話就算有人無法順利上線，在他聯絡時也能從容應對。並且可以在研討會開始之前準時上線。

有一個實際發生過的案例，有位參加者上線之後發現電腦沒有聲音。請他確認電腦的設定後才發現音量是靜音模式。另外，如果參加者的電腦畫面卡住，則可以請他重新啟動電腦後再加入。

請將這些狀況都以「會發生」為前提，冷靜沉著地處理。

2 一開始的5分鐘會決定講師的印象

講師開頭所說的第一句話，通常都是感謝的話語。一開始先以感謝的話語起頭很重要，像是「感謝你們今天來參加研討會」等。而且在講座開始、結束，以及講座中都要加入感謝的話語。

講師必須好好傳達感謝之意。並且對參加者個別表示謝意也是重點之一。就算一次向所有人說：「今天謝謝你們參加，真的很感謝」也沒有什麼效果，因為沒有人覺得這是在對自己道謝。

在剛開始的5分鐘時間，可以自然地提到參加者的名字，並一一向他們道謝。這麼做的話他們也會對你投以笑容。而且他們會認為講師是個「有禮貌的好人」。參加者對講者有良好的印象，會成為之後研討會得以順利進行的重要因素。

接著還有一個可以提升參加者印象的機會，那就是「更改姓名」。因為Zoom中的名稱原始的設定是羅馬拼音，對講師或其他參加者來說都不易閱讀。所以一開始先更改名稱吧。可以跟參加者說：「請大家先更改名稱，如果不熟悉操作方式的話可以跟我說一聲，我幫你們改」。當說出：「請說一聲，我幫你們改」時，參加者就會對講師產生「真是親切的人」的印象。請參加者更改姓名時，也可以請他們在名稱的前方加上自己來自哪個縣市。

順帶一提，不知道你有沒有聽過「晨間表情Check」這個詞呢？這是指確認周遭的人早上時的表情。如果有人一早就出現陰沉的表情，就可以問他：「發生什麼事了嗎？」他可能會說：「今天身體有點不舒服……」就能開啟話題。透過聊自己的事情，就能緩和情緒。由此可知晨間的表情很重要。

在企業中，如果上司懂得觀察員工的狀態，員工也會互相關心的話，溝通上就會更加順暢，團隊合作也會比較順利。如果「晨間表情Check」運動可以持之以恆的話，對企業來說也有降低離職率等顯著的效果。

線上研討會與線上會議也是一樣。因此我也會觀察參加者一開始的表情。比方說如果感覺到對方的表情很疲憊時，那幾乎都是因為他們在日常生活中累積了許多疲勞。並不會是因為討厭研討會才有這樣的表情，所以講師也不需要太過在意。不過，重要的是在開始時觀察對方的表情並記在心上。當然你也不需要費盡心思在5分鐘內讓對方臉色變好。只要慢慢累積信任，自然就會好轉。

（※這裡提到的信任，可以輕鬆看成是「這個人好像不錯」、「我滿喜歡這個人的」，這樣解釋的話會比較容易實踐。可以把信任想成是在重複對話的過程中產生好感的過程，這樣也比較容易採取行動。）

3 當大家都到齊之後開始「一人一句自我介紹」

當講師向大家表達謝意之後，可以請參加者每個人輪流說一句話，10秒左右就可以了。這時候講師可以先決定好他們自我介紹的主題。因為如果交給參加者自由發揮的話，有可能會說太多而沒完沒了。另外也有人會顧著宣傳自己……。

主題可以是姓名、來自哪裡（縣市等），以及從事的工作這三項。舉例來說就是「我是來自東京的某某某，我的職業是社會保險勞務士。請大家多多指教」。可以由講師先示範給大家看，再讓參加者輪流自我介紹。

在研討會一開始，其實講什麼都不重要，重點是要讓參加者可以出聲。因為藉由讓參加者發言的過程，參加者的姓名、聲調、長相與居住地等資料會變得具體，更容易留在記憶中。也可以從每個人的說話方式大概得知他是活潑的人還是陰沉的人，是不是反應很快的人……等，而且也可以稍微理解一個人。這是為了營造出研討會是個舒適安全、令人安心的地方，雖然不起眼但卻是很重要的一步。

透過自我介紹的過程，參加者多多少少會比較安心。參加者用一句話發出訊號，而其他人接收，這樣在之後的分組討論時也能消除參加者的不安。因為如果是與陌生人一起分組討論，對話幾乎難以進行下去。但是當姓名、長相與居住地串連在一起時，就能成為參加者對話的契機。

舉例來說，當我們得知有一位來自福岡縣的〇〇〇先生時，就會有人說：「我也是福岡出身的，好懷念」、「我曾經被公司調派到福岡，那裡的東西都很好吃」等，這些資訊可以成為開啟話題的契機。更可以自然地找出與他人的共通點，有共通點就會有親近感，在分組討論時的對話也會比較活潑。

因此我們可以得知，儘管一開始每個人都對他人沒興趣也不關心，但是在接觸的過程中便會加深印象，漸漸地就會提升好感度。這也是心理學上的一個法則。由美國心理學家羅伯•查瓊克（Robert B. Zajonc）在１９６８年發表，稱為「重複曝光效應」（或單純曝光效應）。以下簡單總結。

- 人對於陌生人會抱持著攻擊性與冷淡的態度。
- 與人見面次數越多，越增加好感。
- 人在發現對方富有人性的一面後會增加好感。

4　基本操作的教學

我們很容易就會輕視基本操作，認為「這麼簡單的東西應該誰都懂吧」。但是，一定會有不熟悉基本操作的人。因為每次我說明基本功能的時候，都會有人感到開心。所以請不要覺得麻煩，從頭教大家簡單的基本操作吧！

如果是使用Zoom的話，講師可以在操作螢幕畫面的同時親切地教學，例如靜音按鍵的使用方式、視訊畫面的開關、如何切換圖庫檢視與演講者檢視等。

比方說，線上研討會令人感到沉悶的原因之一，就是一直看著同樣的畫面。我建議講師在說話時可以將畫面切換到「演講者檢視」。輪到參加者講話時，就可以更容易透過觀察那個人的表情看出他現在的心情與感覺。請依照不同情況切換模式。

這時候講師可以補充一句：「你們切換時講師也不會知道，所以請安心切換檢視」。使用「安心」兩個字也是重點之一。

以下我將會舉例說明使用的方式。

①圖庫檢視與演講者檢視的使用方法

「你可以按下右上方的按鍵。現在應該可以用『圖庫檢視』看到所有人的臉。接下來請按『演講者檢視』，你會發現我的臉占滿整個螢幕畫面。就像這樣，如果使用『演講者檢視』的話，說話的人臉就會放大，所以可以看出他表情中所透露的情感。這是享受線上研討會的祕訣。請依不同需求切換。」

②靜音功能的使用方式

「當你按下靜音鍵後，就會聽不到你說話的聲音。不用擔心，可以試著按按看。在我的研討會用不到靜音功能。因為我想要知道大家的反應，也請大家一起享受這些笑聲跟互相吐槽的聲音吧。」

③視訊的使用方式

「請大家盡量全程開啟視訊鏡頭。不過，如果有急事或有電話需要暫時離開的話，為了不影響其他人請將『視訊關閉』並『開啟靜音』。」

沒有事先傳達的話，有些人可能不知道這些線上活動的禮儀。每個人都不喜歡被否定或是被禁止，所以傳達這些事項的時候都要盡可能輕鬆、溫柔親切並且面露笑容。而且教學也是講師與參加者累積信任的機會，所以溫柔親切地教學，藉此機會表現出講師的體貼。

還有一點很重要，就是對學不會的人說：「沒關係喔，弄不清楚這些功能也不會影響研討會的授課」。因為有些人會在這個過程中感到壓力，甚至影響到再次參加研討會的意願。

專欄 **喜歡線上研討會的理由**

有一位參加者說他很喜歡線上研討會。比起實體的研討會還要喜歡。我問他理由，他說因爲線上研討會時，就算突然有緊急的電話打來也可以接。那位參加者從事不動產與股票買賣的工作，所以如果不能立即接電話的話可能會有幾千萬日圓的損失。

這個喜歡線上研討會的理由著實令我印象深刻。

成功法則 2 觀察並理解視線與表情

1 從視線中掌握對方的心情～比起語言，先看表情

有些人認為線上研討會感受不到溫度（所以不喜歡）。但其實並不是這樣。因為感情可以藉由表情傳達。

特別是視線的移動。當參加者認同講師所說的話時，視線便會透過螢幕交會。參加者也會露出柔和的表情。比方說，參加者因為講師說的笑話而嘴角上揚，從神情中可以知道他的心情變得比較溫和了。相反地，即使不明顯，也不能錯過參加者臉色一沉的瞬間。

比方說，我曾在研討會時講過這樣一段話：

「職場上常常會有一些貶低他人價值或是霸凌別人的話語。如果有過這樣的經歷就會令人想離職吧？」

這時，我發現一位參加者的視線往下移，臉部表情也稍微垮了下來，看起來有些悲傷的

樣子。透過這些不難想像他曾經在職場上有些不好的回憶。了解到這點後，我就裝不知道，若無其事地點他出來發言，結果他分享了自身經驗，也增加了主題的深度。他的分享讓其他的參加者也感同身受，並且受益匪淺。

就像這樣，即使是在線上也能從視線讀取對方的心情，並且加以活用。也就是說，必須注意到對方視線的方向。

接下來，就必須引導對方說出表情後面所代表的情感。雖然也會有一些人很難看出他們在想什麼，不過我們可以先從好懂的人開始詢問。當你看到有些人的嘴角開始上揚，你就知道他們是放鬆的狀態。如果詢問他們現在的心情，得到的答案應該會是「很開心」、「很有趣」等。

當你覺得氣氛有些凝重時，可以故意向一些比較活潑開朗的人提問。這是讓場面熱絡起來的有效方法之一。

現在，線上研討會等反而更容易看出他人的視線與神情。因為用Zoom的圖庫檢視功能，就可以在一個畫面中看到所有人的臉，所以就算只有一個人視線朝下，講師也可以感覺得到。參加者在9位以下時看得最清楚，不過當你習慣之後，就算是16位參加者你也能清楚感受到其中一人的視線移動。

當然，也有些人覺得實際面對面時比較容易觀察對方的表情與視線。我想我在一對一會面時的確也是這麼想，但是即使是實體的研討會，如果參加人數有20人以上，我覺得要觀察每一個人的表情與眼神就變得十分困難了。當專注看著一個人的時候，你就無法看到其他人。我想在實際的講座中應該沒辦法在同一時間看到所有人的表情。

再加上現在實際的集會每個人都戴著口罩，所以無法得知口部的表情。想從戴著口罩的臉看出一個人的表情，難度實在太高了。在這點上，Zoom的圖庫檢視就可以在一個畫面中掌握每個人的眼神與表情，所以很容易發現和了解他們的心情。

順帶一提，最適宜觀察表情的人數，是講師與參加者一對一的情況，線上也一樣。因此不論是諮商或是個別授課都可以在線上完成。而且線上的方式對於害怕眼神接觸的人來說也許是一大福音。

那麼，你認為在單一畫面中，可以清楚看到視線與表情的最佳線上研討會人數是幾人呢？在我的經驗中，4位參加者、1位講師，加上講師確認畫面用的電腦，總共6位是最佳狀態。會需要講師確認畫面用的電腦，是因為講師在講課時需要一台電腦，另一台電腦則是在共享資料畫面時可以確認參加者們接收到的畫面無誤。在習慣之後可以挑戰7名參加者、

1名講師、1個講師確認用畫面，總共9個畫面，用來觀察參加者的心情綽綽有餘。

接著我認為上限人數是14名參加者、1名講師、1個講師確認用畫面，總共16位。所以我的研討會不會收超過14個人。因為若無法掌握參加者的心情，參加者的滿意度也會大幅降低。如果可以預期報名人數超過20人的話，我就會把研討會分成兩次舉辦。

2 眼神接觸有感情嗎？

有些人會誤以為「眼神接觸＝看對方的眼睛」。如果一直盯著對方的眼睛，有可能會被認為是「威嚇」。特別是有點年紀的男性如果這樣做的話，就可能像是在瞪人。這樣就會被當成是職權騷擾。最可怕的眼神接觸應該是格鬥家的「我要把你幹掉」的眼神吧，絕對要小心不要用這樣的眼神看別人。

在眼神接觸時，為了不要做出像是威嚇或是格鬥家的眼神，面對面眼神接觸時可以看向對方的鼻子與眼睛之間的區域，而不是直接看他的眼睛。有些男性講師一認真起來眼神就會變得很恐怖。有可能會讓對方覺得：「他好像不是很真誠」，所以務必要小心。參加者會觀察講師是不是真的在關心自己。其實參加者比想像中還要更注意講師的舉止，講師必須要有自覺。

線上研討會時，鏡頭與視線會有差距，所以直接看向畫面中對方的眼睛也沒問題。不過自己的眼神與表情會顯露出情緒，所以一旦表現出半吊子態度對方立刻就會察覺，覺得：「這個人好像不太真誠」。由此可知眼神中蘊含著很多訊息。真心誠意地看著對方才是眼神接觸。「真心誠意＝重視對方」。眼神接觸時不要忘記這份心意。

在研討會時我都會說一個關於維他命的故事。

「眼神接觸時就會得到維他命。不是維他命Ｃ，也不是維他命Ａ。眼神接觸時要有愛，沒錯，就像把到維他命Ｉ（愛）蘊含著心意送給對方。」

時常把真心誠意、體貼與溫柔放在心上，看著對方時會想著：「怎麼做這個人才會變得幸福呢？」這就會是真正的眼神接觸。儘管Zoom的畫面中並排著很多張臉，當你有著想把維他命Ｉ（愛）送給對方的心意，就有可能用眼神接觸傳達給特定的一個人。

曾經發生過這樣一件事。有一位參加者用眼神接觸告訴我：「我要先退出了」，我也用眼神接觸回覆他「ＯＫ」。這是一個雙方在線上也可以完成的交流案例。

專欄　講師的密技

在線上研討會當中，不得不注意看的就是自己的表情。以圖庫檢視時，我會將自己的畫面配置在左上角。那旁邊要放誰的畫面呢？使用Zoom的話，講師可以自由排列聽者的位置，所以講師可以在自己的畫面旁邊安排笑容比較多的人，或是會時常點頭附和的人。如此一來就可以一邊確認自己的表情，一邊看到點頭附和的參加者，研討會的過程也會變得比較愉快。

3 非語言資訊在線上可以更容易傳達的時代

在線上交流時，語言很容易就成為溝通的中心。但是使用非語言資訊一樣可以傳達心情與情感。以下列舉線上的「非語言資訊檢查重點」。

●看——臉上表情、臉色、聽別人說話的姿勢、視線的方向、手勢、手的習慣動作、點頭附和、視線的方向、淚腺、聳肩、眉毛的動作、眨眼、嘴巴的開合程度等

●聽——聲音的聲調、說話速度、說話節奏、話多話少、語尾、停頓的方式、說話的內容、附和的聲音、笑聲、呼吸聲、吐氣、嘆氣、說話的習慣、擬態詞、擬聲詞的使用習慣以及「是喔」、「好棒喔」等感嘆詞、口頭禪等

透過這些檢查重點就可以讀取他人的心情。有些人並不是用語言傳達自己心中所想的事，有些人是用臉（表情）傳達，也有些人透過體感（聲調或是感嘆詞等）傳達。

比方說，點頭附和也可以傳達情感，用力地點頭表示「我十分理解」。輕輕地點頭則是「我能理解」。如果沒有點頭的話是「我認為不是這樣」。多次輕輕點頭表示「我懂了，請繼續說下去」。像這樣傳達出他們的意思。聽別人說話的時候，如果附和時的聲調很溫柔，那也會傳達出那個人的溫柔。另外，在線上活動時，手的習慣動作也是一大重點。儘管本人可能沒有意識到，但是如果有手部動作大的人在場，周圍的氣氛都會變得歡樂起來。

如上所述，就算不使用語言也可以傳遞各式各樣的訊息。

還有，參加者中也會有人想發問卻無法立刻把想法化成語言。他們絕不是沒有在思考，只是心情與想法還沒有整理好。希望你不要誤會的是「少發言不一定是不滿意」。有些人只

是很難從表情中看出他們滿不滿意，在幾乎沒有發言的人之中，也有感到很滿意的人。如果遇到很難看出表情的人，可以帶著笑臉問他們：「你現在的心情如何呢？用一句話表達也可以」。這麼一來，就可以知道他們無法從表情中判斷的心情是什麼了。

4 用「撫慰效果」改變每一個參加者

心理學當中有一個名詞叫做「撫慰（stroke）」。這是指使用語言（話語）或非語言（態度或動作）肯定對方存在的一種行為。肯定式的「撫慰」可以維持良好人際關係，獲得肯定的當事人也能得到心靈的滋養。

舉例來說，開朗地問候別人、稱讚對方的優點、表達感謝以及笑臉，這些都是肯定的滋養。雖然這些行為看似理所當然，但是卻能給予對方正向的影響。他會覺得自己的存在得到肯定。

在線上研討會或是線上會議也是一樣，要盡量讓越多參加者獲得「撫慰」越好。不過必須要注意的一點是，有些講師會常常把「好厲害」、「好棒」掛在嘴邊，但是這樣並不會觸動到對方的心。重點是必須要認真理解對方，並給予適合對方的「撫慰」。

參加者的發言中凝縮了他的人生與歷史。重要的是必須注意該如何根據對方的發言，選擇適當的「撫慰」。記住每一個參加者的表情與發言，回應他傳達出的情感，並臨機應變給予適當的「撫慰」。

比方說，可以像以下的方式給予「撫慰」。

「○○先生，謝謝你！」

「○女士的笑容很棒喔！」

「○○小姐，謝謝妳精彩的發表！」

根據不同的參加者改變「撫慰」的次數與比重很重要。如果是使用Zoom的話，在圖庫檢視中找到表情最消極的人，並且多與他搭話是一個訣竅。因為在圖庫檢視中其他參加者也會看到他消極的神情，並且被他的情緒傳染，這會對整體氛圍產生極大的影響。

而且，即使露出消極的表情也並非是因為對研討會抱持懷疑。通常都是因為還不習慣線上研討會，或是因為日常生活中的工作或是家事而感到勞累所致。因此只要多給予他「撫慰」提升他的動力，通常在研討會的尾聲就能看到他的臉上出現很棒的笑容。一開始臉上不情不願的人慢慢開始出現笑容，其他參加者也會感覺得到。最後就能讓所有人臉上都出現最棒的笑容。

當然不是只有針對神情消極的人，絕對不能忘記要對每個參加者給予他們最適合的「撫慰」。因為在對話當中就可以從表情得知他們對什麼樣的話語有反應，並將語言的意元集組後再次給予「撫慰」。比方說如果對方對「溫柔」這個字有反應的話，就可以說：「○○小姐十分為人著想，妳的應對方式真的很不錯」。這樣一來，對方的表情也會一點一滴變得柔和，在研討會的最後露出最棒的笑容。

補充說明，意元（chunk）原本是「組塊」的意思，而在認知心理學當中則表示「認知對方、對象、狀況時的資訊單位的大小」。將意元（資訊、知識的組塊）細分得越來越小，詳細分析資訊的思考方式稱之為「chunk down」，而將意元變大，可以更深入一般化（概念化）或俯瞰的思考方式稱為「chunk up」。在尋找該給予什麼樣肯定的撫慰時，可以參考這個概念。

成功法則 3
研討會的暖身時間不要敷衍了事

1 可以用最近遇到的好事暖場

有些人在線上研討會時被要求「請自我介紹一下」會緊張得說不出話。因為他們不知道該說些什麼。如果其他成員都是初次見面的人的話，那更是會不知所措。

假如第一個自我介紹的人發生這種狀況，其他正在聽的人也會被他的緊張情緒傳染。如此一來場面就會充滿緊張的氣氛，令人如坐針氈。一開始就讓參加者抱持這種印象的話，線上研討會就成為了一個讓人沒有安全感的場合。

那麼，要怎麼做比較好呢？首先，雖然自我介紹很重要，但是也不要完全讓參加者自由發揮，而是讓所有參加者都講述同一個主題。我先前已經有解釋過，可以讓參加者簡單說出自己的姓名、從哪裡來，以及職業這3項，如果再加上一項「最近發生的好事」，就可以讓場面變得溫馨起來。記得先提醒大家在1分鐘之內分享自己遇到的好事。讓參加者每一個人都輪流自我介紹是一種稱為「促進作用（facilitation）」的暖場技巧。

首先，講師要自己先做示範。但是如果聊到自己工作上的成功經驗的話可能就會變成在炫耀的感覺，反而讓場面變得尷尬，所以盡量聊自己私生活的話題比較好。比方說你可以講：「我昨天休假時在家裡做了烤地瓜，我讀國二的女兒跟高三的兒子都吃得讚不絕口，我太太也很高興，我也覺得很幸福」。像這樣就可以很自然地將「已婚」、「有國二的女兒與高三的兒子」等個人訊息傳達給對方。

像這樣將自己的個人資訊加上最近發生的好事分享給參加者的話，講師與參加者之間的信任值會上升，也能拉近彼此的距離。而且先將範本呈現出來，參加者們也可以朝這個方向自我介紹。說到自己的最近發生的好事時，大家臉上便會自然出現笑容，研討會也會慢慢轉變為舒適的場所。另外，就算每次參加的成員都一樣，主題也還是一樣可以用「最近發生的好事」。因為根據參加的時期不同，最近發生的好事也會不一樣。

順便補充一下，如果時間不夠每個人分享最近發生的好事的話，那麼可以使用Zoom的分組討論功能，分成小組後再分享給自己的組員。可以用姓氏筆畫等決定各小組的組長，等到所有人集合時再由小組長統一發表組員剛才分享的內容。

想要打造出線上活動是一個讓人感到安心且舒適安全的環境，祕訣就是不要只讓講師一個人說話，並給予參加者許多發表的機會。

2 用拍手打造舒適安全且安心的環境

讓大家一起練習拍手吧！重點是要讓大家帶著笑容進行。而訣竅就是講師自己也要滿臉笑容地帶頭做給大家看。

比方說要拍手讚揚今天第一個進來會場的參加者。由講師說：「〇〇先生是今天最早來的人！謝謝你。拍手！」大家就會跟著拍手。一開始先訂好規則，只要線上研討會中有人發表就要拍手，就能輕鬆打造出安心且舒適安全的氣氛。

順帶一提，在線上拍手時，是不是常會有拍手動作在鏡頭外而看不出來的情況呢？只聽到聲音不見動作……這樣就沒有意義了。所以拍手時要注意把手放在身體前面15公分左右的位置，讓畫面可以看出自己帶著笑容拍手的樣子。

我腦中的想像就是敲鑼猴子的玩具。我會在研討會時這樣說道：「大家小時候有沒有看過一個敲著鑼的猴子玩具呢？大家請把那隻猴子的動作當作典範。我也會回想猴子的動作拍手給大家看，大家也一起跟著做吧」。

接著，講師就實際拍手給參加者看。參加者就會面露笑容。之後，大家也一起拍手，線上研討會中就會洋溢著笑聲與拍手聲，氣氛也會變得明快活潑。

關於拍手還有一件事。雖然是我自賣自誇，不過我發明了一個「龍捲風拍手」，是我在研討會中想到的一個最適合在線上研討會上做的拍手位置與方式。

在新型肺炎防疫期間，各種活動都不能舉辦之下每個人心情都很憂鬱。我想要讓大家打起精神來，可是不論在研討會中分享各種開心有趣的事情，都無法消除大家心中的陰霾。在我想著：「我想要送一個更開朗、有笑容與愛的禮物給大家」時，無意識中我就做了一個將雙手一邊繞圈一邊拍手的動作。

我想要藉由拍手將希望與夢想帶給大家的一個單純的想法，加上充滿感情的行動，這就是龍捲風拍手。只要將這份心意加入拍手中，你重要的人一定也會打從心裡綻放笑容。

3 刷牙笑臉練習

如果看到線上研討會的參加者都帶著笑容，自己身在其中也會感到很安心，並且能夠開心地參加。不過，許多線上研討會中沒有充滿著笑容也是事實。所以我並不只是要告訴大家笑容的重要性，還必須告訴大家製造笑容的方式。

大部分的參加者不僅沒有學過笑的方式，也沒有人教過他們。可能是因為平常在公司工作的時候也沒有笑的機會，所以應該有很多人不擅長展露笑臉。因此突然要求他們做一個笑臉，也不可能做到。再說，「笑臉」的基準對每個人來說可能都不一樣。有些人可能沒發現自己沒有在笑，也有人想要表現出笑得很開心的樣子實際上卻笑不出來。

接下來我會介紹一個自然製造笑容的方式，稱作是「刷牙笑臉」。

首先我要教的是笑臉的基礎。我會這樣說：「手拿著牙刷，嘴角往上揚把牙齒露出來，一邊說『笑一個』一邊刷牙」。製造笑容的重點是「讓嘴角上揚」與「露出八顆以上牙齒」。最有效實踐這兩個重點的方法就是刷牙。

當大家參與「刷牙笑臉」之後都會自然露出笑容。在線上活動時，如果參加者都願意展露笑容的話，活動就會變得更開心。而這時候再讓參加者當講師，教大家刷牙笑容的課程，就能更進一階，打造一個笑容滿溢的環境。讓每個人都綻放笑容。

4 表示OK的3個方法

在線上活動時可以有效活用「OK」的動作。在研討會開始時，可以說明：「有3個動作可以表示OK的意思。跟著做做看，很可愛吧？」並且逐一介紹。

①單手用大拇指與食指做出OK的手勢
②使用雙手的大拇指與食指做出OK手勢，並放在雙頰上
③將雙手放在頭的上方，做一個大的〇字

「做OK手勢」這個動作會讓參加者對講師發出OK的訊號，所以在無意識中就會覺得「講師是個好人」、「我還滿喜歡他的」等，這之中包含著心理因素。所以講師可以多使用

這個技巧。

ＯＫ手勢是講師與參加者之間互相交流時不可或缺的方法，所以參加者在一開始的習作時間如果有開心的體驗，那在研討會中也會給予講師ＯＫ訊號。

在線上活動時，講師可以向參加者確認：大家有聽到麥克風的聲音嗎？看得到共享畫面的資料嗎？音量大小ＯＫ嗎？等。如此一來也可以避免線上操作失誤，所以用ＯＫ訊號一一確認很重要。

5 昨天晚餐吃什麼

有一個習作是利用聊天室營造歡樂的氣氛。我會問大家：「昨天晚餐吃了什麼？」然後請所有人將回答寫在聊天室。大家就會寫下：「咖哩」、「漢堡排」、「炸雞！」等。

接著講師就可以用以下的方式回應：「○○先生家昨天吃咖哩啊。我也是對小時候媽媽做的咖哩滋味念念不忘。家常味很不錯呢！」

這時候的重點是加入「咖哩」、「媽媽做的滋味」這些關鍵字。藉由這些關鍵字，參加者的腦海中也會浮現出過往的回憶。雖然具體的回憶內容每個人可能都不一樣，但是大部分的人應該都會想起幸福的回憶。參加者看到這些內容後也會自然湧現幸福的感覺，臉上也會連帶浮現笑容。

同樣地，「〇〇小姐昨天吃漢堡排啊！我也很喜歡！」、「〇〇先生，炸雞很適合配啤酒呢」等，逐一點名每一位參加者，並且加上開心的回應。這是很重要的製造氣氛方式。因為只要說到食物的話題，大家都會有許多共通的回憶，所以就能輕易打造出舒適安全且安心的環境。

閒聊在製造氣氛上十分有效。可以依照每一個人的印象，適時改變話題並且讓話題延續下去。

第3章

線上溝通的
成功法則～講師心得篇

成功法則4 講師特有的說話方式

1 注意3種速度

說話的時候，必須注意「自己說話的速度」、「參加者聽話的速度」以及「參加者理解的速度」這3項。

講師說話的速度必須比一般面對面的實體研討會要快兩成左右比較恰當。因為講師說話速度太慢的話，參加者容易分心，被其他事情吸引注意力。

參加者聽講的速度是否恰當，可以從點頭的人多或少，或是表情中判斷。如果講師說話的速度與參加者聽的速度步調一致的話，參加者就會有點頭應和或是拍手等反應。

不過，也會有講師說得口沫橫飛，參加者聽的速度卻追不上的情況發生。講師必須掌握延遲的程度，並且配合參加者聽話的速度做調整。講師要注意說話速度不要過快，並且抓到參加者點頭的時機，以確認參加者是否有跟上。

不過講師說話速度如果太慢的話，參加者就會被其他事情吸引注意力，開始滑手機等。

接下來就是參加者理解的速度。線上活動可以分辨參加者的表情。是歪著頭，還是認真的神情？或者是低著頭等。諸如此類，不要錯過參加者無法理解內容時發出的訊號，並改變說話的速度與聲調。當你在畫面中看到有人歪著頭等發出似乎不理解的訊號時，就可以問他：「〇〇先生，目前為止有沒有不太清楚的地方？」等，像這樣直接開口詢問也很重要。

我自己也是聽別人說話時理解速度比較慢的類型，所以我能感同身受，有時候只要講師說了一個聽不懂的名詞，頭腦就會卡住。我只要糾結在一點上面，就很難繼續前進。所以也要考慮到像我這樣的人有時候理解速度比較慢，並且可以詢問參加者：「目前為止有沒有什麼問題？」講課之中不時停頓下來也是重點之一。

2 說話方式不要跟播報員一樣，要帶有感情

你們知道其實新聞播報員的說話方式，會幾乎讓人記不得他說話的內容嗎？因為說話時不帶感情，所以就很難停留在人的記憶中。換言之，如果希望別人記得自己說話的內容，說

話時就需要放入感情，用稍微有些特色的說話方式比較好。

說話要放入感情的話，除了要加入肢體語言，表情的喜怒哀樂也很重要。而說話時選擇停頓的時機也很重要。在你想要強調的部分之前先停頓一拍，接著再緩慢且清楚地說。像這樣在說話時多下點工夫，原本低著頭的人也會把頭抬起來。這些就是讓參加者不會覺得線上研討會一成不變的技巧。

不過，如果對方都會在適當的時機點頭附和，看起來也十分理解講者所說的內容的話，那就可以加快說話的速度，並且不需要做停頓。這就是說話時配合對方的表情調整自己步調的意思。

我以前曾經在線上研討會中遇過一位很優秀的講師。那位講師能夠運用表情傳達訊息、讓對方思考、使對方注意到自己錯誤的地方、讓參加者自發性地思考。

3 聲音的音量、抑揚頓挫變化

在線上研討會時參加者感到昏昏欲睡的原因，可能是因為講師聲音的大小與抑揚頓挫都沒有變化所導致。所以說話時可以像唱歌一樣放入感情，並且試著讓聲音的大小與抑揚頓挫有所變化。必須要反覆觀看研討會的錄影畫面來確認自己有沒有做到。透過觀看錄影畫面，一定可以找到自己可以再做聲音變化，或是可以增加停頓的片段。

當你變化聲音的大小與抑揚頓挫時，可以幫助聽者在聽講時找出重點部分。並且能達到更好的表達效果，也不會讓聽者覺得一成不變。所以這是一個我很推薦的說話技巧。

接下來，如果想讓情感傳達的效果更加明顯的話，可以思考說話時語氣加重的地方。像是「非常謝謝大家」，語氣加重在「非常」或「大家」，傳達出來的感覺完全不一樣。

成功法則 5 講師的自我揭露

1 分享身為講師必須達成的任務與願景

參加者會有興趣想要知道「講師是什麼樣的人」以及「講師的思考方式」。因此，講師如果分享自己身為講師的心境，並同時表達感謝的話，參加者就能放心參加講座。

以下將列舉我每次都會與參加者分享，身為講師的心理建設。

「對待參加者的十個態度」

一、為參加者著想

二、對參加者投以笑容與溫柔的眼神

三、認為參加者有無可替代的重要性

四、和參加者成為能夠互相加油打氣的夥伴

五、同理參加者的心情
六、儘管參加者做得不盡理想，也要讚揚他的努力
七、讓參加者可以更加開朗有活力
八、讓參加者看到未來的希望與夢想
九、享受與參加者在一起的時光
十、時常抱持著對參加者的感謝之情

當參加者知道講師教學時有著什麼樣的心情，便會感到安心自在。若在一開始的時候就抓住參加者的心，就能成為構築信賴關係的契機，打造更佳的學習環境。

講師是因為有參加者的存在，才得以舉辦線上研討會。因此必須感謝參加者的參與，並且直接向參加者傳達自己的感謝之情。

比方說，我會像這樣傳達自己的感謝。

「感謝在座的各位蒞臨今日的線上研討會。在新冠肺炎疫情之後就沒辦法再舉辦實體研討會。我也取消了原先預定的100場以上的研討會，日復一日的情況我完全無能為力……。在此之前的16年間，我每個月都會固定舉辦15場以上的座談會，現在卻被迫過著無

所事事的日子。職棒的王牌投手原本可以投出150公里的球速，但是在沒有比賽的日子中也無法發揮實力。我在沒有研討會的時刻也失去發揮實力的舞台。但是，因為有願意參加線上研討會的你們，我才能夠繼續努力。我由衷感謝來參加的每一個人。謝謝。」

我會用類似這樣的訊息傳達出我心中的想法。

還有，向參加者傳達自己的任務與願景也很重要。任務是指在自己的人生當中必須做到的「使命」與「必須扮演的角色」。我把我的任務訂為「給孩子們一個充滿希望與夢想的未來」。而願景則是「希望為他人著想與面帶笑容的人越來越多，創造一個充滿愛與真心與感謝的世界」。

在遭受職權騷擾而閉門不出時，我因為孩子的出生，重新對未來懷抱夢想與希望，我的任務與願景也是在那時誕生的。我的任務與願景並不只是要給我的孩子，也希望能獻給其他孩子。為此，我認為第一步要做的是讓大人們可以先成為體恤他人，並且洋溢笑容的人，並且讓世界可以充滿愛與感謝。

講師若沒有向參加者分享自己的任務與願景，那不過就是一個只教技巧卻沒有人性深度的老師而已。「我是為了什麼才辦線上研討會的呢？」不要忘記傳達人生目的。

我會跟參加者說：「我認為我是為了讓身邊的人變得幸福，自己也變得幸福所以才出生在這個世界上。我今天也是為了讓大家幸福才會舉辦這場講座」。藉由傳達自己的任務與願景，讓參加者能有同感，並促進再次參加的意願。

2 分享自己的故事

講師的自我揭露是縮短與參加者間距離的關鍵要素。可以分享家庭的事情、自己的工作、過去的經驗或小故事等。自我揭露如果做得好，就可以藉由分享自身的事情讓對方感受到雙方之間有相同的價值觀。

我建議可以分享自己家庭中發生的事情，或是家庭生活中的小故事等，傳達出真實的自己。比方說以下這樣微不足道的小事情就可以了。

「我太太很喜歡吃高湯玉子燒。我時常在工作的空檔煎給她吃，我讀高中的兒子與國中的女兒也很喜歡吃。有一次，我發現我桌上放了兩盒雞蛋，那是我太太給我的慰勞品。原來她送這個禮物，是希望我可以在工作的空檔煎玉子燒給她吃。」

從這個故事中可傳達「已婚」以及「有兩個孩子」等資訊給對方。自我揭露時，可以在故事中安插一些讓人有親近感的關鍵字。像我自己的話因為曾經做過許多工作，所以也會說一些關於工作地與職業的話題。這時候如果也安排一些關鍵字進去的話，對方就比較容易找到共通點，也比較會有親近感。

所有的自我揭露都是為了建構講師與參加者之間的信賴關係。如果不清楚講師的為人，不管他說了多麼動人的故事，參加者也只會覺得他是一個表面工夫做得好的人。而當參加者信賴講師、並對講師的為人有好感的話，那麼他所說的內容價值也會提升。講師與參加者之間友好關係的建立，必須從講師的自我揭露開始。

雖然自我揭露很重要，但是講師也必須考慮到比較慢熱型的人。如果是對幾乎是初次見面的人自我揭露自己迂迴曲折的一生，他們也會不知道該如何應對，搞不好他會想要摀住耳朵說：「我不想聽！」

想要與一個人打好關係需要循序漸進。先經過打招呼、聊天、交換笑容等階段，最後才是自我揭露，這麼做的話，大部分的人都能夠自然接受。也有一些講師跳過這些階段直接自我揭露，這樣反而會讓參加者敬而遠之，所以需要多加留意。

3 講師應該說的話

我會介紹幾個在我的經驗當中比較容易讓參加者接受的話題。

●失敗經驗

我除了會講一些成功事例，也會分享過去遇到的失敗經驗。參加者比起成功事例，更容易對願意講述失敗事例的講師產生好感。舉例來說，我會分享我曾經在企業研修中發生的失敗事例。

我曾經在研修中稍微唸了參加者兩句，要他在聽講時可以面帶笑容聽，不過卻沒有正確傳達給對方，反而被冠上「職權騷擾講師」的帽子。

另外，我在某個公司的研修中，與總務負責人談論總務的職責時，總務部門的參加者便不再參與研修了。

●上一個工作的話題

參加者會好奇講師做過哪些工作。他們會想知道其他公司或其他工作的內容，所以只要談起上一個工作的話題他們都會很認真地聽。只不過這種情況不要只說好的經驗，也可以大方分享失敗的經歷。

我出社會的第一個工作是在伊藤洋華堂。在此分享我的失敗經驗。

這是我在伊藤洋華堂的店面工作，負責文具賣場時發生的事。我們在六日也要輪班，當然也需要站收銀台。文具賣場在假日時一天有超過2000名顧客，在客人們排隊等待結帳時，廠商的負責人到櫃台來和我打招呼，那時候因為正在幫客人們結帳，我理所當然地和他表示「希望可以等我忙完」。不知道是不是我太嚴肅了，表情看起來可能有些不悅。當時我剛好在幫一位女性客人結帳，那位客人似乎認為我的表情是「在生氣」的樣子。於是她就在給店長的顧客意見卡中寫下「文具賣場收銀的男店員態度很差」。

在伊藤洋華堂時，對客人面帶笑容地說「謝謝」是理所當然的一件事。我沒有做到所以被客人用顧客意見卡責備的事，我到現在都沒有忘記。我想我有出聲說「謝謝惠顧」，但是臉上的表情卻不是這樣。所以在表達感謝時，也必須帶著相符的表情才能順利傳達給對方，這對我而言是一個十分寶貴的經驗。我在這樣的經驗中學到，除了語言，笑容也很重要。

●故鄉的話題，童年的回憶

為引起參加者的興趣，談起自己的故鄉、成長經驗與童年的回憶等會很有效果。我常常會分享以下故事。

「我出生於九州的福岡縣。我是出生在直方市，在中間市長大。我在福岡待到小學五年級。所以我的故鄉是福岡。我記得我小時候曾在筑豐炭田的廢土山上玩。至今每當我去福岡出差時，都會回想起一件事，那就是孩提時代使用的方言。當我不懂的時候，都會問「NASHIKA」（為什麼）。我明明平常完全不會用這個字，但是到了福岡方言就會自然跑出來，而且我的心好像也回到小學五年級的時候。那是十分愉快舒適的感覺，所以我每年都會回去福岡一次。」

「我們家曾經全家從福岡開車到鹿兒島探望親戚。途中，在熊本的山路時突然煞車不靈，父親與哥哥還是想辦法開下了山。雖然很想說「我要下車」，但是也只能聽天由命。那時候母親要我睡一下，我就真的睡著了。現在回想起來真的很危險。請大家不要模仿。

我還記得開車旅行時，有的時候睡在車上，有的時候是蓋著毛毯睡在外面。從鹿兒島回來時是坐渡輪，我還記得第一次坐船我很開心，而且在船上看到一隻很大的水母，嚇了我一大跳。」

●家庭的話題

我有三個兄弟姊妹。我有兩個哥哥，我是老三，還有一個妹妹。因此我的衣服都是穿哥哥穿過的舊衣服。大哥比我年長12歲，比較像是爸爸的感覺。妹妹小我2歲，所以我們常常一起玩。

爸爸以前是經營一間腳踏車店。他因為家庭因素戰前只有小學畢業，是個沉默寡言，不太會表達自己心情的人。不知道是不是因為這樣，他在福岡的煤礦小鎮中間市經營的腳踏車店說不上生意有多好。

因為這些家庭的情況，想要的東西我也不會吵著要父母買。但是取而代之的是，父親經常陪我玩撲克牌。一年之中大概有一半的時間都在玩撲克牌。

煤礦業成為夕陽產業後，礦山封閉，人們都離開這個聚落。沒有人潮的地方腳踏車店也開不下去，我們一家搬到了大阪。沒耐心的性格加上不擅言辭的緣故，父親在大阪換了好幾份工作。

而父親的興趣就是和小學生的我們一起玩撲克牌。他下班回家後都會和我與妹妹三個人一起玩撲克牌。我記得每天都玩1個小時以上。我那時才小學六年級，不知道父親的辛勞，也不知道他為了守護家庭生活，即使遇到不開心的事情也選擇忍氣吞聲。

直到我也長大成人後才知道。既沒有學歷也不擅言辭的父親在當時有多麼辛苦。當我也有了自己的孩子，成為人父後才終於知道父親有多愛我。

4 腦的「安定化取向」與「可塑性」

必須小心處理的是，如果強行要求參加者自我揭露可能會出現反效果。

我們的腦有「安定化取向」與「可塑性」兩大特徵。這是一個常聽到的例子，某人在參與研修或是研討會之後彷彿變了一個人。比方說，原本個性文靜的人突然很有精神地大聲跟別人打招呼。但是過一個禮拜、兩個禮拜後，他又變回原本那個文靜的自己。那是因為「維持原本的樣子比較輕鬆」、「不需要強迫自己改變」這樣的意識在作祟的緣故。

結果，原本在研修後已經覺醒的自己、認為比以前還要有價值的自己開始覺得，雖然沒有什麼價值但是輕鬆做自己就夠了。這就是腦的「安定化取向」。

另一方面，腦也有「可塑性」。雖然「可塑性」是表示「容易變化的程度」，在這裡可以理解成「一步一步慢慢來的話就能改變」。人的腦會抗拒急遽的變化，但是一點一滴慢慢改變的話就會發揮順應性。常有人說參加了一次研修但是沒什麼效果，那是因為參加者不理解腦有這種特性。

突然叫整天板著臉的管理階層或是年長者「要笑臉迎人」他們也做不到。但是如果一直持續參加笑容實習的話，慢慢就會習慣笑臉迎人。當你的笑容增加，周圍的人與你相處的方式也會改變。在不知不覺中，你已經不在乎笑容帶來哪些價值，只是單純覺得面帶笑容令你身心舒暢。當改善職場上的人際關係後，在工作上也會產生好的影響。

特別是在舉辦線上研討會時，理解腦的「安定化取向」與「可塑性」這兩個特性很重要。所以為了不要被安定化取向影響，講師要注意不要做得太過頭。人一旦覺得太過頭就會產生對抗心理，並想要離開那個地方，而且不會按照講師的指導行動。過於暴露感情的自我揭露，需要等雙方之間培養足夠的信賴關係之後比較適合，不然可能就會讓對方感到不對勁甚至排斥。避免安定化取向作用，可以活用「可塑性」的特性，一步一步慢慢與他人建立關係很重要。

另外，也不能忘記關懷ＨＳＰ（高敏感族群）的人。ＨＳＰ（Highly Sensitive Person）是指天生敏感，容易過度接收來自周圍的刺激，「心思很纖細的人」。這是由美國的臨床心理學家Elaine N. Aron博士於１９９６年所提出。ＨＳＰ的特徵是神經纖細、情緒起伏大，這是因為對內外刺激「太過敏感」而導致。

ＨＳＰ占全部人口中的15～20％，也就是說每5個人中就有一個人有ＨＳＰ的傾向。以線上研討會來說，會有將近兩成左右的人比較難融入群體。

對高敏感族群來說，突然的提問或是找出共通點的遊戲對他們來說都是極其痛苦的時間。所以為了避免這種情況發生，講師需要柔軟且循序漸進，製造出安全舒適、令人安心的空間。

這是發生在某個線上研討會的事。在研討會時，在參加者們幾乎沒有互相交流的情況下，突然就被講師要求分組討論，讓參加者自己交換意見。參加者們不知道該如何和初次見面的人對話，特別是ＨＳＰ的人只有默默聽別人說話，沉默地度過討論時間。不知道是不是這個原因，沒有人再次報名那位講師的研討會。在分組討論之前。必須先打造出安全舒適、令人安心的環境。

5 打造安全舒適與感到安心的環境

該如何更加了解其他一起學習的參加者呢？最好的方法就是愉快地傾聽他們一路走來的人生旅程，也就是使用人生便條紙。用一張便條紙寫下自己從出生到現在最充滿動力的時刻與最低潮的時刻。接下來，再寫下自己從現在到未來所有開心的想像。之後再輪流讓每一位參加者發表自己的人生。

有些參加者是從出生到現在第一次回顧自己的人生。有些人說他發現，現在的自己都是站在過去的歷史之上。藉由人生便條紙回顧自身的歷史，就會對研討會中的其他參加者產生親近感，並且立即出現夥伴意識。

在線上研討會中唱歌也有很好的效果。為了讓大家記住「好（HAI）」這個回覆有多重要，我會帶大家唱歌，並把歌詞裡面「愛（AI）」這個字都換成「好（HAI）」。

「還在蜜月期的夫妻回覆對方時都會說『好』，但是隨著結婚時間越來越長，雙方都漸漸不再回覆『好』了。明明剛結婚時，不管問什麼都會回答『好』，但是現在不管對方說什麼，都是左耳進右耳出，甚至根本沒在聽。當初的『好』都到哪裡去了呢？那麼大家現在一起來回想起『好』的重要性。我們一起來唱《再給我一次那美好的愛（あの素晴らしい愛をもう一度）》，唱到『愛』的時候要改成『好』喔」

這個活動廣受參加者好評，線上研討會時每個人臉上都綻放著笑容。

講一些笑話或是趣事也很重要，如此一來可以讓研討會不那麼枯燥乏味。我很常把女兒或兒子發生的趣事拿出來講，比方說像是以下的故事。

「我讀高中的兒子曾經早上爬不起來上學遲到。有一次我們很認真對談了30分鐘，討論如何才能避免遲到。甚至還順帶談起了將來的夢想與目標。他好像還沒決定好未來的目標。也很猶豫未來要唸哪一所大學。而我作為一個父親，我跟他說比起讀名校，我更希望將來他可以成為一個不遲到，並且遵守約定的大人。兒子也對我說『我知道了』。而後，過了一個禮拜，他果然還是呼呼大睡而睡過頭遲到。真的是很可愛的兒子。」

成功法則 6 線上活動後互加朋友

1 研討會結束後該做的事

在線上研討會結束之後，你有傳送感謝的訊息給參加者嗎？有些人會設定研討會結束後系統自動傳送罐頭信件給參加者，但是這樣應該不夠，如果個別傳送訊息給參加者的話，他們都會很高興。

我在傳送感謝訊息時，會一併附上他們在線上研討會時帶著笑容的照片。我會在參加者在研討會時笑得最開心的時候截圖，再傳送給他們。另外，我也會傳送他們在分組習作時的影片片段。這對回想起研討會的快樂時光十分有效果。

我的線上研討會會幫參加者建立Facebook的群組。並且在研討會結束後請他們寫一些關於研討會的感謝，並分享在群組中。這樣在研討會結束後，參加者們也會互相分享「研討會真開心」之類的訊息。

這麼一來，他們也會寫下一些有深度的感想。研討會不是只有參加者向講師學習，講師同樣也會從參加者的回應中學到很多。Facebook的群組就成為一個很棒的學習地。

順帶一提的是，寫評論時，要請參加者從兩個方向來寫。一個是「在研討會中學到的事」，另一個是「自己接下來要做的事」。這是為了不讓研討會在參加者寫完感想就結束了，而是要與實際執行做連結。當大家寫下許多自己學習到的事物，其他參加者看完之後也會學到更多。接著宣示自己會實際執行，就更容易做出成果。

在研討會結束後，有時我也會贈送感謝的禮物給參加者。比方說，有參加者在研討會中很開心地說「這個月是我的生日」，那我就會送他「讚美撲克牌」或「讚美貼紙」當作生日禮物。

如果收件者在日本國內的話，我寄給他後大約兩天內就會收到。稍微計算一下，我一年內送禮物給超過500人。

另外，如果邀請他們參加免費活動當作禮物的話，他們也會很開心。我舉辦的活動是成果發表會或是免費體驗研討會等。我會在定好年度計畫後通知他們。

2 請參加者訂閱定期電子刊物

我目前正在撰寫以下三種電子刊物。

①～每天閱讀1分鐘就能消除壓力！～工作與生活都能變得幸福的「稱讚・認同・感謝的電子郵件研討會」（每日發行）

②幸福企業研修講師養成藤咲塾1分鐘電子郵件研討會（每週二發行）

③樂習線上團隊建立電子刊物（每週三發行）

我都會跟我線上研討會的參加者告知這三份電子刊物的存在，並請他們訂閱。我在研討會中傳達我的價值觀與重視的事物、任務與願景之後，電子刊物的內容可以更容易理解。

在研討會之後我也會透過電子刊物傳遞資訊，有些參加者看了電子刊物後決定再度參加研討會。而且還不只是本人參加而已，他們還傳訊息跟我說：「因為參加研討會的經驗很好，所以我也有推薦朋友參加」。

為了延續像這樣的聯繫，所以我也會在研討會中建議大家訂閱電子刊物。

與曾參加研討會的人成為Facebook上的好友也很重要。有了Facebook的連結，當他發文時就可以按讚與留言等聯繫感情。對方生日時也可以留言祝福他生日快樂。

我每天大約傳送10個人祝賀生日的訊息。一年之中大約傳送給3650個人。這個習慣我已經持續10年以上了，所以應該已經傳送3萬則生日訊息了。我想每個人收到祝福應該都會感到開心。

第4章

線上溝通的
成功法則～講師技巧篇

成功法則 7 增加與參加者的對話

1 不動聲色地掌握每個「隻字片語」

在線上研討會時，講師與參加者之間的對話越多，參加者的滿意度就越高。所以要盡量爭取與參加者說話的機會。而且要對發言的人所說的隻字片語做回應，擴展話題的範圍。掌握對方說的隻字片語很重要。不是「喔喔，是這樣啊」就將話題結束，如果表達出你也有同感的地方，或是述說對方的優點，那麼對方也會笑著繼續讓話題延續。

不要只是自說自話，而是有技巧地問出對方想講的內容，這是很重要的訣竅。傾聽對方所說的話，並繼續詢問，讓話題深入下去，這樣也會提升對方的滿意度。盡量掌握對方話中的關鍵。

2 對方說話時有節奏地應和

當對方說話時，附和方式巧妙的話，對方也會願意分享更多。在恰當的時機附和對方，就能有節奏地進行對話，甚至讓對方說出自己也未曾想過的話題。

附和的方式可以大致分為４種，以下會逐一說明。

①同意的應和

在附和對方時，最常用的就是「同意」的附和。表示自己「正在聽」對方說話，另外，也表示自己「理解」對方的意思，所以是很基本的用法。這類型的附和有以下的例句。

「沒錯。」

「就像你說的那樣。」

「我懂。」

「我也是這麼想。」

「就是這樣。」

在線上活動時，當對方說了某些話之後，使用這類型的話應和，對方就會繼續說下去。

②讓話題持續的應和

這個類別是催促對方繼續說下去的應和。可以表現出想要繼續聽下去的樣子，用下列的方式應和。

「那之後你怎麼做？」

「你剛剛說的那件事，之後怎麼樣了？」

「好有趣喔，可以多說一點嗎？」

更習慣之後，就可以說：「之後呢？」、「然後？」、「比方說？」等，用更短的應和催促對方繼續說。在線上研討會時，用慢一點的語氣問：「之後呢？」、「然後？」、「比方說？」會更有效果。

③讓說話的人開心的「驚訝的應和」

當參加者說話時，講師用很驚訝的方式附和的話，參加者也會願意繼續說下去。

「什麼?!竟然有這種事？」

「好誇張喔！真的還假的？」

可以像這樣用很驚訝的應和方式。其他參加者也會一起很驚訝地聽他的故事，說話的人滿意度也會提升。

④帶給別人活力的「同感附和」

同感的附和方式可以給說話者鼓勵，令他感到振奮。

「很辛苦吧。」

「真的是這樣。」

「嗯，我懂你的心情。」

「你一定很不好受吧。」

「你很努力了。」

「我也很開心。」

當你真心地做出這樣的回應，參加者也會更信賴講師。比方說參加者分享了一件很辛苦，他很努力做的事情，可以試著同理對方的心情，說一句：「你很努力了呢」，可能就會讓對方因感動而哭泣。

3 線上研討會要請大家解除靜音

線上活動中，有很多線上研討會會讓參加者以靜音狀態參加，但是如果是先請他們解除靜音的話，講師在說話時就能聽到參加者的反應。「好厲害！」、「是喔！」、「果然是這樣！」像這些回應的聲音就能讓氣氛變得更熱絡。比方說：「〇〇先生，我聽到你說了一句『原來啊！』可以再請你說句話嗎？」這樣就能聽到他真心的感言了。

另外，可以聽到參加者的拍手聲與笑聲，氣氛就會像是面對面式的實體講座一樣。為此，請參加者解除麥克風靜音很重要。如此一來，參加者的人數限制就變得必要。我覺得應該15～16人差不多。如果大於這個人數，參加者們寶貴的反應可能就會變成雜音。

4 增加「對話儲蓄」的餘額

從研討會開始到結束之間，與參加者的總對話時間，要與講座的滿意度成正比。如果你一時會意不過來，可以把對話想成是「儲蓄」的概念，存款會越存越多，而「對話儲蓄的餘額＝滿意度」。

另外，滿意度與信賴度也有關聯。只有講師單方面說話的講座無法與參加者建立信賴關係。如此一來參加者就幾乎不會再參加了。要讓更多參加者在研討會結束後感到滿意，取決於參加者在過程中能說多少話，讓參加者滿意度提升，信賴度也會提升。也就是增加「對話儲蓄」的餘額。

不過，這些對話時間包含正式開始前的閒聊，以及休息時間結束前的一小段時間。所以可以把握機會與提早進來會議室的人，以及休息時間結束前回來的人對話。在研討會結束後也可以召集想要留下來繼續分享的人，不論是關於研討會的感想或是毫不相干的問題都沒關係，這些都會提升對話儲蓄的餘額。

成功法則 8 常用「謝謝」

1 一個人要傳達三次「謝謝」

聽到「謝謝」這個字應該都會很開心吧。不過，有效地傳達「謝謝」有以下幾個重點。

- 開始後立刻致謝的「謝謝」
- 結束時表達感謝的「謝謝」
- 中途，有人發表後對他說：「〇〇，謝謝你的分享」

這樣的技巧我取了一個名字叫做「謝謝的配置（setting）」，就是在開始、中途與結束時最少要說三次「謝謝」。如果有好好實踐的話，在線上也能夠打好團隊建設的基礎。

在研討會一開始時表達「謝謝」有很好的效果，可以在剛開始的5分鐘，一一向每一位來參加的人道謝。過程要自然不造作。

有一個很簡單的做法，就是在正式開始前對提早進入Zoom的人致謝。「○○，謝謝你第一個進來參加」、「△△，感謝您提前進來參加」，像這樣的話語可以提升第一印象。

這個「謝謝」是讓對方留下好印象的重點。講師不能在一開始就給參加者高高在上與威嚴的印象，所以表達「謝謝」可以帶給參加者誠懇的印象。

還有在研討會中，有人回答問題後一定要回應：「謝謝」。而且同時稱呼他的名字也很重要，像是：「○○，謝謝你的回答」。

在研討會結束前，要預留時間讓參加者分享對研討會的感想。而且在他們發表完感謝後一一道謝：「○○，謝謝你的分享」。

講師必須提醒自己要平等地向每一個參加者說「謝謝」。如果不小心錯過了說「謝謝」的時機，可以故意讓對方做一些簡單的事，再藉此表達感謝。比方說可以問：「○○，請問你聽得到我的聲音嗎？」等對方回應後就可以說：「○○，謝謝你」。遇到很文靜，問問題也不會主動回答的人時，可以問一些簡單的問題讓對方回應。這麼一來對方會更有參與感，滿意度也會提升。比方說在做刷牙笑臉體操時，一開始可以先找笑容燦爛且活潑大方的人做一次，接下來再換安靜的人做，結束後就可以說：「謝謝○○」，這也是一個向對方道謝的好方法。

「謝謝」可以讓氣氛變得和緩，當講師帶頭說謝謝後，參加者之間對話時也會自然加入「謝謝」。讓參加者也一起打造安全舒適、安心的環境。

2 使用「謝謝W」，讓氣氛變得更明亮

每個人都知道應該對他人說「謝謝」以表達感謝。但是，不知不覺中，道謝的人與被道謝的人都慢慢習以為常，「謝謝」很容易就變成是沒有感情，只是做表面工夫的「謝謝」。這樣對方也不會有感動或是其他心情。

因此我們可以用「謝謝W」脫離一成不變的感覺。也就是「謝謝」再加上帶有感謝之意的話語。如果團體內的成員可以自然使用「謝謝W」的話，成員也會比較開朗活潑。如此一來可以提升團隊士氣，也能獲得客戶與其他部門的支援。「謝謝W」的具體範例如下。

「謝謝。真不愧是〇〇！」

「謝謝。十分感謝。」
「謝謝。我受益良多。」
「謝謝。幫了大忙。」
「謝謝。我很高興。」
「謝謝。過程很愉快。」
「謝謝。我很感激。」

其他還有像是：「一直以來真的很謝謝你」、「謝謝您，多虧有○○的幫助」、「謝謝。我很尊敬您」、「謝謝。很好吃」、「謝謝。這是我參加過最有趣的研討會」。不論是哪一種，能讓參加者願意再次參加的研討會，講師與參加者都很會使用「謝謝W」。

在線上研討會時，講師可以自己先示範對參加者用「謝謝W」表達感謝。「○○，謝謝你。你是今天的最佳刷牙笑容講師。因為有你，大家的笑容都變得更棒了」，「○○，謝謝你每次分享的研討會感想，我真的很開心！」

之後在分組討論，讓大家互相練習「謝謝W」。也許大家都能透過謝謝W，互相填補彼此內心的空洞。

3 三種感謝

感謝也能分成三大類。

①別人為我做某件事時的「謝謝」
②理所當然的事也說「謝謝」
③遇到問題與困難也說「謝謝」

①是每個人都會掛在嘴邊的類別。但是身為一個成熟的大人，光是說謝謝似乎有點不夠。因為這是把別人好意視為理所當然的「謝謝」。所以讓自己也成為一個會被說「謝謝」的人吧。

可能有些人看到②時才恍然大悟。因為理所當然的事情並不會出現感激的心情，所以通常這些情況並不會說「謝謝」。但是因為肺炎疫情的關係，原本理所當然的事情都不再相同，不覺得對原本那些理所當然的事物都充滿感激嗎？

藉由這次機會，試著把理所當然的門檻降低試試看吧。在理所當然的事物不再理所當然的今天，你應該能了解這句話的意義，並且實際去做。那麼應該就會發現理所當然的事物都有它的價值。

比方說，你在讀這本書的當下也許是很幸福的。今天一整天也是幸福的一天。更進一步地說，能呼吸、能喝水，有飯菜可以吃都是幸福的事。而且，有親朋好友在身邊也是幸福。如果對理所當然的事也能說「謝謝」的話，也許你就會開始享受「活著」這件事。那麼，這就是最極致的幸福。

可以在③的情況下說「謝謝」的人，是能夠成長的人。勇於面對問題與困難的人，不管狀況有多糟，或是處於危機之中，他都能將危機化為轉機，並且成長。

成功的人幾乎都有經歷過重大危機。而他們把問題與困難當作鍛鍊自己的試煉，因為他們能夠度過難關才有今天的成功。所以從今天起，當大家遇到什麼難題或是困難時，首先，先說一句「謝謝」吧？你一定可以找到解決辦法。現在，有許多正在疫情當中奮鬥的人，他們憑著一己之力，勇敢面對困難與挑戰。

4 某間餐廳的故事

我在線上研討會中時常分享這個故事。

「有一間餐廳願意在20年當中免費供餐給你。如果你想要的話甚至還有提供早餐。當你在工作或人際關係上遇到問題時，會願意傾聽你的煩惱。當你生病時，拖也會拖著你去看醫生，還會幫你出醫療費。知道你沒錢買書會幫你出錢。發現你付不出學費時也會幫你出錢。你說你沒錢跟朋友出去玩，還會給你零用錢呢。

你覺得怎麼樣呢？是不是很感謝這間餐廳呢？簡直就像是佛菩薩一樣。有發現你身邊就有這麼一間餐廳嗎……？那就是你的父母。你有感謝過你的父母，並且將感謝說出口嗎？你是不是覺得他們為你做的事情都是理所當然的呢？感謝的相反詞就是「理所當然」。

父親節、母親節、生日等等你有很多機會傳達感謝。感謝沒有表達出來的話對方就不會知道。特別是有很多父親，到離開人世之前都沒有聽過孩子的一句『謝謝』。」

我說完這個故事後，會請大家發表感想。

通常會聽到：「我想要多孝順父母」、「我沒有對父母說『謝謝』」、「我如果有跟過世的父親說一聲『謝謝』就好了」等感想。有些人原本對於說「謝謝」感到很彆扭，但在這次實習之後立刻就回去對父母說「謝謝」了。

在這個當下，有很多沒有說出謝謝就錯失機會的例子。有很多人誤以為眼前的人會永遠在自己身邊。很多人會覺得「謝謝」隨時都能說，所以會因為現在覺得害羞就延後到以後再說。但是也有很多人因為錯過機會而後悔莫及。

在此分享一個我企業研修的參加者的故事。那位參加者的祖母因為骨折而住院，他心想等祖母出院之後就要對她說「謝謝」。但是他因為工作忙碌，加上也有點不好意思說出口，因此遲遲沒有去醫院探病。沒想到某天，祖母突然就走了。他明明隨時都可以安排時間去探病，並且向祖母道謝，但是卻沒有這麼做。他直到現在都很後悔。

另外，還有一位參加者的父親因為交通事故而過世。他在事故發生的一個月前曾參加我的企業研修，並且在研修中學習到感謝的重要性，應該對父母表達感謝。他聽到我說不能認為親愛的人會永遠在自己身邊，所以在研修後就立刻對父親說了謝謝。這是他出生到現在第一次對父親傳達感謝之意。

過沒多久他的父親便遭逢事故，可以想像他因為失去至親而有多悲傷，但是至少在父親生前有表達過感謝，這也許能帶給他些許的安慰。我也覺得幸好有幫助他完成這件事。

5 說不出「謝謝」的人

我曾經幫某個有人際關係問題的團隊上研修的課。令人意外的是，在「最想聽到的話」中，團隊中有八成以上的人回答：「謝謝」。

因為他們不論做什麼都被當成是理所當然的事，所以沒有人說「謝謝」。因此才會渴望聽到一句「謝謝」。因為在公司中會認為「工作本來就是自己的本分」，所以漸漸地沒有說「謝謝」的習慣。如果對照顧自己的前輩，後輩們也不會說一句「謝謝」的話，上司也不會對分擔工作的部下說「謝謝」。不要說是理所當然，可能做完以後還會被指導：「你應該要做更多才對」。也會有自認好意指出問題，對方卻不領情、反而覺得被批評而不滿的情形。

我認為可以改變團隊中肅殺氣氛的，就只有「謝謝」這個字了。

一個團隊中如果可以時常聽到「謝謝」的話，辭職的人也會變少。團隊養成說「謝謝」的習慣，必須磨練「感謝神經」。不是「反射神經」而是「感謝神經」。感謝神經如果沒有多加磨練的話就會生鏽。感謝並不是在心裡想就好了，必須每天練習。

在線上時，雖然有說「謝謝」對方卻感覺不到的話，那可能是因為你的謝謝中沒有帶感情。要有感謝的心，並表現在臉上，與對方眼神接觸也很重要。

有很多人會誤以為在線上活動中沒辦法傳達感情，但其實在線上也絕對可以辦得到。只要練習「謝謝」就可以做到。

這個方法是讓講師先示範一次「不帶感情的『謝謝』」，之後再實際示範一次「帶有感情的『謝謝』」。參加者學會以後，讓他們每一個人輪流練習說出帶有感情的「謝謝」。經過講師實際示範，可以提升線上感情表現的程度。

我曾在某個公司中做過問卷調查。回答最多的項目是希望能被職場的上司稱讚與認可，不過最希望上司對自己說的話果然還是「謝謝」。

但是這間發生人際關係問題的公司中卻沒有「謝謝」的文化。原因是，不管做什麼都被當成是理所當然，還有他們認為別人沒有為自己做什麼的時候就不需要感謝。主要是這兩個原因。

其實，就算對方沒有做什麼，還是可以說「謝謝」。我要再說一次，很多人覺得對方沒有為自己提供好處時沒辦法說出「謝謝」。

有一個「稱讚與感謝」的習作是稱讚別人的優點，並感謝有他的存在。做法很簡單，首先只要說一句「稱讚的話」，接著再傳達「謝謝」就好了。以下舉幾個例子。

「好厲害喔。真的讓我學到很多。謝謝你。」

「跟我期待的一樣好！謝謝你帶給我那麼棒的學習與發現。十分感謝。」

「謝謝你提供那麼棒的課程。轉眼之間一天就過了，心靈也很充實，我現在覺得充滿力量。謝謝。」

「一直以來都謝謝你。我本來絕不在人前哭泣，但還是忍不住落淚。真的很感謝與老師之間的緣分。」

在線上研討會時，可以讓參加者分組練習稱讚與感謝。分組時必須要注意用以下的對話方式。

「○○的分享讓我獲益良多。我覺得很容易理解，為我的未來點了一盞明燈。謝謝。真的很感謝。」

「○○，你主持得很好，而且聲音很溫柔。每次都很感謝你。」

「○○的笑容很棒，讓我每次都很期待參加研討會。只要見面都會覺得心靈很充實。謝謝你。」

「謝謝稱讚我的○○，每次都給與我很多鼓勵。很開心有你的支持。謝謝。」

6 感謝可以提升自我肯定感

生活過得很幸福的人通常都會感謝自己的父母，而且都是很孝順的人。會感謝父母的人自我肯定感也很高。因為感謝父母讓自己誕生在這個世界上，也等於感謝自己的出生。

在線上研討會時實踐「稱讚與感謝」有其重大意義。那就是在無意識中養成稱讚、認同、感謝對方的習慣。當養成「稱讚與感謝」的習慣之後，自我肯定感也會提升。而且也會感受到自己從職場與家人的身上接收了許多的愛。你會發現都是因為有這些人的存在才造就了今天的自己，心中自然就會產生感謝之情。感謝這些支持著自己的人，會讓自己在工作中充滿動力。

某個公司的社長舉出四個讓人感到開心的關鍵。

①被愛、②被稱讚、③幫助別人、④被需要。能夠說出「稱讚與感謝」的人，就等於可以同時為別人做到這四點。

成功法則 9 有時候也可以回到傳統的做法

1 運用手繪圖

有時候我會在圖畫紙上面繪圖，再讓攝影機拍給參加者看。雖然是很傳統的做法，但是有即時的效果。用攜帶型的小白板畫圖也可以。

像這樣運用一些簡單的方式也可以達成的做法，有時候也很有效。不過，如果用圖畫紙的話，透過鏡頭細線會看不太清楚，可以改用粗的麥克筆來畫。

有時候也會讓參加者畫圖。請他們先畫在便條紙上，再透過鏡頭互相分享。比方說請大家「在直線上面畫一個圓」，完成後互相分享，就會有許多發現。

2 使用小道具

運用彩色塑膠球加上墊板，就可以進行「有色眼鏡習作」。這是只有在線上研討會中才能做的習作。我想很多人都有被說過「不可以戴著有色眼鏡看別人」的經驗，而這是一個可以實際體驗這句話意思的習作課。你需要先準備紅色的透明墊板與彩色塑膠球。這些應該都可以在百圓商店買得到。

首先講師先面對鏡頭，把隔著紅色透明墊板的塑膠球給參加者看。接著問參加者們看到的是什麼顏色。當然，看到的顏色會跟實際的顏色不同。把紅色墊板拿開後會是完全意想不到的顏色，參加者們都很驚訝。

雖然是很簡單的體驗，但是藉由這個活動參加者就會發現，戴著有色眼鏡的話就會看不見那個人的本質。

比方說有些人會在初次見面的瞬間，就先認定對方是怎麼樣的人。這就是用自己的刻板印象看待他人。那麼，你覺得在相處一年左右之後，再下結論就可以了嗎？我認為要了解一個人，一年的時間還是太短了。

在了解一個人之前，首先必須知道自己戴著的是什麼樣的有色眼鏡。先知道自己有什麼樣的價值觀跟信念之後再去看一個人才會正確。當你並不完全了解自己的價值觀與信念，就用一知半解的判斷（也就是有色眼鏡）看待對方，人與人之間的關係就會不順利。

成功法則 10 活用遠近感

1 做動作的時候要考慮到上鏡頭的效果

「動作要做大」是線上活動的鐵則。因為鏡頭拍攝出來的樣子會比你實際的動作還要不顯眼。以下我們來驗證幾個重要的動作。

● 點頭時要往前3公分

比方說在點頭的時候也要將臉往前3公分。這麼一來，畫面中的臉看起來就會比較大，所以動作也會比較有效果。

在線上研討會時，這類畫面的表現就會變得很重要。善用遠近法的話，當你用力點頭肯定對方說的話時，也會更容易傳達給對方。對參加者來說，也會知道講師很積極地肯定自己的發言而感到高興。

●拍手要在臉前方15公分處

拍手的時候，從畫面中看得出來你正在拍手嗎？另外，拍手的時候有沒有擋到自己的臉呢？

拍手時為了不要遮住自己的臉，可以把手往前伸15公分再拍手。帶著笑臉拍手時也必須看到手。也不要忘記拍手時要發出聲音。

●「你說的沒錯」擺出這個姿勢時，手指要靠近鏡頭

當參加者說了某句話，而且幾乎是正確答案的話，就可以帶著大大的笑容說：「你說的沒錯！」這時有一個特定的標準動作。那就是用食指指向鏡頭，並稍微提高聲音說：「你說的沒錯！」這是讓參加者在瞬間變成粉絲的動作。

2 笑容要占畫面的一半以上

講師的笑容也會令參加者感到開心。講師與會議主持人只要露出笑容，就能讓參加者更容易說出自己的意見。

比方說，都沒有人願意發言的會議，那我可以斷定是因為主講者的表情太陰沉或是太恐怖導致。我會說這是「臉的職權騷擾」，表情太恐怖導致沒有人敢說出意見。特別是在公司的線上會議中，有因為害怕所以怯弱的參加者，也有怕被罵所以不敢說出意見的參加者。因此會議的主講者都必須展現出笑容給大家看。

而線上研討會的講師最需要時時確認的就是自己的表情。檢查自己有沒有在笑，在重要時刻更是要用笑臉把畫面占滿。在這裡也是要運用「動作要做很大」的線上鐵則。要向對方傳達訊息時如果可以表現出感情的話，對方也會跟著把動作放大。

也就是說，線上研討會進行得不順利的原因，大概是講師自己面無表情或是陰沉沒有活力等。如果遇到這樣的講師，參加者通常也不會再報名參加。

如果你在研討會中感覺到參加者都沒有笑容，那是因為講師自己也沒有笑容的緣故。這就是鏡像法則。講師自己做不到的話，參加者也做不到。如此一來就沒辦法打造安全舒適、讓人安心的環境。你可以想成是「參加者只會做到講師的十分之一」。反過來說，如果你希望參加者可以做到你想要的樣子的話，講師只要做到參加者的十倍程度就可以了。

當講師或主講者面露笑容，自然就能打造安全舒適，令人安心的環境，參加者也會比較容易說出自己的意見。當線上研討會的講師露出笑容，參加者也會跟著露出笑容愉快地參加研討會。這麼一來，研討會的滿意度就會提升，再度報名參加的比率也會提升。

成功法則
11 透過傾聽打造安全舒適，令人安心的環境

1 傾聽是製造氣氛的基本做法

在線上研討會中，有些人會以不耐煩的表情聽別人說話，甚至沒有任何點頭應和。這還算是比較好的，甚至還有打哈欠伸懶腰的人。還有不時滑手機看訊息的人。也有人在回覆跟研討會完全無關的工作郵件。也有人站起來泡咖啡等。

因為他們不知道自己的態度會讓對方感到不開心。為了讓他們實際體驗，可以運用感覺很差的對話角色扮演，這樣就能幫助了解自己有多麼不擅長傾聽他人說話。

●感覺很差的傾聽體驗①

兩個人一組，分成說話的人跟傾聽的人。比方說，說話的人可以說「自己最近遇到的好事」，這時，傾聽的人要以下列背景為前提。

「你是一個有負面思考傾向的人。你覺得聽對方說話很沒意義。你覺得對方是不值得你給他建議的人。對方是你討厭的類型。」

負責傾聽的人要表現出以上設定的態度與話語，並且指示他們要對說話的人回應以下的句子：

「你都一直在思考這些沒意義的事嗎？」

「你的想法好無聊。」

「一點都不有趣啊。」

聽的人要表現出很差的態度，不能和對方視線交會，還要不時嘆氣。必須要讓聽的人認為說話者是一個沒有必要聽他說話的人。當然實際上說話的人並不是這樣的人，但是角色扮演時入戲很重要。聽的時間設定為15秒。結束後說話的人與傾聽的人角色互換。

●感覺很差的傾聽體驗②

兩個人一組。分成說話的人跟傾聽的人。比方說，說話的人可以說「最近遇到的好事」，這時，傾聽的人要以下列背景為前提。

「在日常生活中會有工作或是做家事時，一邊聽對方說話的機會。剛好你現在正因為工作或家事忙得焦頭爛額，或者是已經很疲累了，已經沒有多餘的時間（力氣）聽對方說話。不過你還是敷衍著，應付地聽對方說話。」

負責傾聽的人要表現出以上設定的態度與話語，並且指示他們要對說話的人回覆以下的句子：

「請你長話短說。」

「我在忙。」

「好無聊的想法。」

「我知道了，所以呢？結論是什麼？」

負責聽的人要表現出自己很忙，只是應付地聽對方說話的態度。可以板著臉做筆記、查行程，或是看手錶等。不要看說話的人，視線看其他的人就好。必須讓聽的人認為自己非常忙碌沒有時間。角色扮演時要入戲。聽的時間設定為15秒。結束後說話的人與傾聽的人角色互換。

經過這兩個實習經驗後，接下來舉例的「感覺良好的傾聽方式」就比較容易理解了。

●感覺良好的傾聽方式體驗

令人感覺良好地傾聽方式有幾個基本方法。帶著笑容傾聽、有眼神接觸、點頭應和、附和以及重複對方說的話。

重複對方說的話是，比方說對方說：「今天好冷喔」，你也說：「對啊今天很冷」，用相同的話回覆對方。這種傾聽方式會讓對方比較容易繼續說下去。

另外，在對方還在思考要怎麼說的時候，不可以問對方問題或是給他意見。不要搶對方的話，而是應該靜靜等待。重視對方認真思考的時間，是作為一個好的傾聽者的基本條件。

這個實習每個人1分鐘，之後再互換。

當感覺不好的傾聽方式與感覺良好的傾聽方式兩種角色扮演結束後，讓參加者回顧剛才的實習內容並輪流發表。每個人發表自己的發現，就能成為改善傾聽方式的動機。

專欄 傾聽技巧～回溯～

傾聽對方說話時，重複對方說過的話稱作「回溯（backtracking）」。藉由像鸚鵡一樣重複對方所說的話，對方可以再次確認自己的想法與心情，並且在開口前先經過整理，這麼一來比較容易繼續說下去。

當你想要聽更多對方的想法時可以試試看這個技巧。

2 傾聽時點頭回應

在傾聽對方說話時，思考「自己是如何點頭回應的呢」，在感覺良好的傾聽方式之中這點特別重要。常有人覺得自己在傾聽時有點頭回應，但其實完全沒有做出動作。也許心裡想著要點頭，但是臉上既沒有表情，頭也沒有動。只要心裡想的與頭部動作一致，就能向對方表現出「我有認真在聽」的態度。

點頭回應指的是在對方說話時回應，一種表現出理解對方的反應方式。頭部縱向擺動表示同意，橫向擺動則表示拒絕，往單邊傾斜則表示疑問，頭部回應的動作也可以傳達自己的想法。接下來，再加上聲音與臉部表情的話，就更進一步成為「出聲應和」。表情當然要帶著笑容，在線上活動的點頭回應時，下巴上下擺動的幅度至少要10公分，全身都要表現出「我正在聽喔！」的訊息。

在線上研討會時，講師也要率先示範下巴上下擺動10公分的點頭方式。之後再讓所有參加者跟著一起做。做過以後就會發現，如果沒有刻意做大幅度的動作的話，在鏡頭上會很難呈現出來。

成功法則12 運用社交風格理論

1 社交風格理論

有一個可以實際運用在線上講座與會議的理論，稱作社交風格理論。這是在1968年由一位美國心理學家大衛・梅利爾（David Merrill）所提倡的溝通理論。這個理論把人類的言行模式分為四大類，從他人行為中可以觀察到的社交類型（行動傾向）稱之為社交風格。

當然人沒有辦法單純分成四種，但是不論是誰，在與他人相處時都會有「自我表現（主張意見）」與「情感表現」兩種基礎行為模式。這兩種模式再依照強弱程度組合可以導出四種社交風格（圖1）。

以下將會說明四種類型的特徵。

①表現型（Expressive）

這種類型的人會主張自己的意見，並且直率地表現出自己的情感，

不管是喜怒哀樂的情緒都會直接傳達出來，不會壓抑。他們個性衝動，行動力強，勇於展現自我。他們有與他人分享自我感受的欲求，總是率先與他人交際，不時會影響他人。

也因此有時候看起來會帶有攻擊性。不過，他們總是以平易近人的態度對待他人，所以對他人的情緒很敏感，也富有同理心。他們在人際關係中會表現出寬宏大量與重情重義的部分。這類人活潑開朗，有著充滿行動力的一面。

圖1

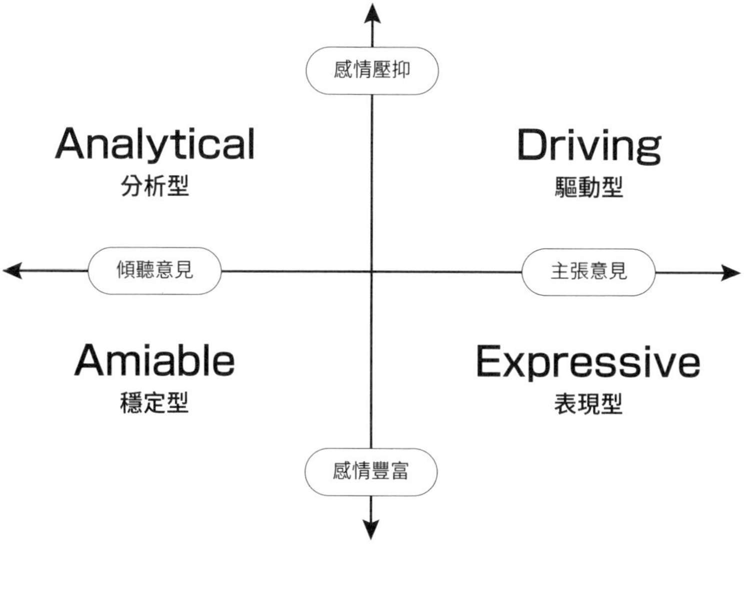

②驅動型（Driving）

這類型的人會有意識地行動並且比較沉穩。行動力強且強勢，有時候看起來有攻擊性。會積極地引導對方行動，並把精力放在眼前必須達成的目標上。性急，不管什麼事都想立刻開始著手進行，如果事情不按照自己期望的方向進行就會覺得很煩躁。

主導性強，所以對他人的想法與意見都有批判性的傾向。不過他們也懂得控制情緒，周圍的人都會認為他們冷靜且深謀遠慮，看起來很超然。

重形式，決策時有重視邏輯與理論，和他人交往時有嚴肅且事務性的傾向。

③分析型（Analytical）

這類型的人比較內斂，情感也較為壓抑。他們不會去指揮他人，會在收集確定資訊後分析檢討，並且審慎思考。對他人不帶攻擊性，會避免命令或是服從他人。

這類人不會向他人闡明自己的想法，也不會給他人意見。他們為了保護自己的世界，不會和不必要的人有交流。他們做事謹慎且穩重，在處理事情時需要先訂定縝密的計畫。

這類型的人感情較壓抑，沉著冷靜，有時會給人一種難以親近且超然的感覺。因此在人際關係上容易流於形式，待人處事一板一眼且不圓融。他們思考時注重邏輯與分析，並且十分慎重，所以看起來會帶有批判性。

④穩定型（Amiable）

穩定型的人看起來很直率地表現出自己的感情，但是並不太表達自己的想法，周圍的人會覺得他們活潑好相處。

他們不注重形式，立刻就能和周圍的人打成一片，且不拘小節。很容易同理他人的心情，表現出友好的態度，樂於與他人建立親密關係。因為情感表現很率真，通常會受到周遭的人喜歡。但是他們太過重視別人的心情，所以看起來比較不注重效率與成果。

這類型的人好相處且善解人意，很重視人際關係。會傾聽他人的意見，也會支持別人的創意與想法。另外，他們會避免掌控權力或是指揮他人等行為，不會強迫別人接受自己的意見。決策時，他們反而會把決定權交給他人，表現出他們善解人意的一面。

2 觀察對方的類型並且妥善應對

在線上活動時，運用社交風格理論就可以簡單推論對方的類型。「自我表現（主張意見）」與「情感表現」的判斷方式可以轉換成一開始打招呼時的「聲音的力道（自我表現）」與「笑容（情感表現）」。這麼一來就可以把線上研討會的參加者分成以下四種類型。

①聲音洪亮有笑容的是表現型
②聲音洪亮沒有笑容的是驅動型
③聲音微弱沒有抑揚頓挫，沒有笑容的是分析型
④聲音微弱但是有放感情，有笑容的是穩定型

有些人介於兩種類型的中間。你可以解釋成這些人有兩邊的特徵。接下來，確認過上述四種類型的特徵後，就能了解對方的個性與思考模式，並在線上活動中配合他們的類型，選出適合的話語。

想要建立安全舒適，令人安心的環境，那就先找出表現型的人。雖然是第一次見面，他們卻能帶著充滿活力的笑容跟大家打招呼。面對表現型的人，講師也應該開朗有活力地回覆對方。

接下來要找出穩定型的人，並對他們說一些溫柔體貼的話。這類型的人通常不會主動表達意見，但是會帶著微笑點頭應和，所以他們也是打造安全舒適、令人安心的環境是不可或缺的類型。這兩種類型的人都是比較常露出笑容的人。

驅動型與分析型的人在線上研討會中幾乎不會展露笑容，並不是因為他們心情不好，純粹只是不習慣而已。而講師必須注意的是，不要強迫這類型的人拍手或微笑。不然他們就真的會不開心。他們即使在笑容習作時也不會笑得很開心，他們願意參與習作就應該感謝了。

以下將會針對四個社交風格類型個別舉例適合的稱讚方式與提問方式。

● 稱讚方式

①表現型

表現型的人好像不管怎麼稱讚他們都會很開心的樣子。通常你越稱讚他們，他們就會表現得越好。很適合用一些有點浮誇的方式稱讚他們。比方說像是以下的稱讚。

「好厲害」、「真不愧是〇〇！」、「你分享的故事真的太精彩了，太驚喜了！」

②驅動型

如果講師以自己的主觀稱讚這類型的人，他們可能會質疑你的意圖。不要選用下評語般的稱讚方式，簡單闡述事實會最有效果。可以客觀說明他們對周圍的人帶來多好的影響。比方說——

「謝謝〇〇的發言，讓線上研討會的討論更有深度。謝謝。」

③分析型

訣竅就是具體稱讚他們的能力。不過必須注意的是，一定要正確且具體地稱讚他們。「好厲害！」、「真是天才！」這種稱讚方式只會讓他們覺得：「不要把我當笨蛋！」、「請不要用這種程度的稱讚」，反而會造成反效果。

另外，當你稱讚他們的時候，雖然臉上看不出來高興的樣子，但還是會提升他們的動力，所以不能就這樣放棄稱讚對方。舉例來說——

「能夠分析那麼細微的部分真的很厲害。謝謝你的發言。」

④穩定型

確實地傳達他在研討會中的貢獻、對整體帶來什麼幫助。用「我」、「你」當作主詞表示「謝謝」、「真是幫了大忙」，明確傳達對方做出了什麼貢獻或幫了什麼忙，會比只是誇獎「好厲害！」更有效。例如——

「謝謝你在我說話時會給我點頭回應，多虧有你，我也講得很開心」、「因為有〇〇用溫暖的笑臉傾聽，才讓大家有愉快的研討會體驗」。

●提問方式

①表現型

當你問了一個問題之後就要點頭示意，並且用很誇張的反應表示自己正在傾聽。即使話題已經越扯越遠，還是要讓他們盡情地分享。

「然後呢？後來呢？」、「再多說一點」像這樣回應他們話，他們就會願意繼續說下去。當然當事人的滿意度也會提升。

②驅動型

不能問他們問題。這類型的人不喜歡被問問題。因為他們會覺得被提問者控制。用請教的方式傾聽會比較好。像是——

「我想要向○○先生請教對於這個主題的意見。」

③分析型

請在有限的範圍中詢問具體的事實。不需要急著知道答案，舉例來說——

「3分鐘後會讓所有人輪流發表。請說出關於○○的優點與缺點。請條列式說明，優缺點請各寫兩項。」

④穩定型

請先表現出你的關心後再詢問。比方說——

「感謝您在工作忙碌時期仍來參加。也許您沒什麼時間，但是非常希望能請教您對於○○有什麼看法。」

成功法則 13 重複令人安心的句子

雖然這都是一些常見的句子，但是在打造安全舒適，令人安心的環境時，自然就會聯想到這些句子。以下為您一一介紹。

①「慢走」、「歡迎回來」

當參加者要準備分組互相討論時，講師可以加一句「慢走」。

「好，那我們現在準備分組，請大家以〇〇為主題，自由交換意見。請慢走！」

接著，等參加者結束討論時，就可以帶著笑容說：「歡迎回來」迎接他們。每當進行分組討論前後，都可以重複用「慢走」、「歡迎回來」的句子，這樣就能打造一種家的氛圍。

在心理學上也有一種類似船錨的效果。

船錨是指一種可以引起特定感情或反應的刺激。舉例來說，當你聽到一段以前很常聽到的音樂時，就會回想起以前聽到這個音樂時的心情，這也是一種船錨。「慢走」與「歡迎回來」原本是家人會對你說的話，所以當聽到這個句子時，便會浮現家人對你說這句話時的情景，不知不覺中就有一股溫暖的感覺。

②「請放心」

當我說明習作的方法時，有一些人臉上就會浮現出不安的神情，他們會懷疑自己能不能做到。這時候就可以對他們說「請放心」。

「請放心。不管做什麼一開始不習慣很正常，多做幾次後就知道了。今天先體驗看看就好，不需要有壓力一定要做到最好。所以請放心。」

③「沒關係」

說明對方不懂的事是一種體貼，也是很重要的關鍵。但是還有另外一種體貼，那就是「不說明的體貼」。有些人當你說明得太過詳細時，他就會發現越來越多項自己做不到的事，腦中便會陷入混亂。對於這樣的人不要說明得太過詳細也是一種體貼。

講師的經驗比參加者還要豐富很多，所以很容易就會想要解釋「這個東西就是這樣」。但是，就像有一句話說：「過猶而不及」，其實不要做過多解釋，讓參加者自己體會反而比較重要。

那麼該怎麼做才好呢？其實可以和對方說「沒問題的」。「實際做的時候就會懂了」多說這一句話也很重要。

④「叮咚♪你答對了」

想要在研討會中製造歡樂氣氛，可以用擬聲的方式。比方說，你問了一個問題而有人答對時，就可以發出「叮咚♪」的聲音。如果回答得非常正確的話，可以伸出一隻手指說：「叮咚♪叮咚♪叮咚！你答對了」。這樣就可以打造歡樂的氣氛。

另外，當重要的投影片出現時，可以加上「鏘鏘♪」的音效，讓參加者集中注意力到投影片上。

⑤「交給我」

有些參加者在操作線上功能，或是進行研討會的習作時會突然感到不安，表情變得很緊張。可以對這樣的人說：「一步一步慢慢來沒關係，請放心交給我就好」。

⑥「失敗也沒關係」

當進行某項挑戰但是卻不順利時，可以用輕鬆的態度笑著說：「失敗也沒關係喔」。

在線上研討會或是會議時，有些人會按錯按鈕不小心離開會議室。當他們再度進入會議室時，就可以對他們說：「歡迎回來，出錯沒關係喔。這在線上活動時很常發生」。

⑦「記不起來也沒關係喔」

在線上研討會時，有些人會以很認真的神情，埋頭拚命記筆記。可以對這些人說：「記不住也沒關係喔」。在線上研討會時，如果太過聚精會神的話專注力會無法持續下去。有可能就會因此錯過重點。

而且，必須記住一大堆知識的線上研討會肯定很無趣，只要輕鬆地上課就可以了。所以可以跟參加者說：「記不住也沒關係喔。」

⑧「下次再見」

當線上研討會結束時，我認為最好的做法是一邊揮著手，一邊對參加者說：「下次再見」。我不會說：「課程到此為止，再見」。如果你問我哪一種說法可以讓參加者再次報名的意願提升的話，那肯定是「下次再見」。你覺得用這句話當作結語怎麼樣呢？

「快樂時光一眨眼就結束了。我很期待下一次再見面。下次見。」

成功法則 14 運用一句話的魔法

1 看好時機，請大家說「一句話」的感言

首先，休息前的「一句話」很重要。也就是用「一句話」傾聽參加者的感想。我在休息時間前，一定會說「目前為止，大家有沒有什麼感想？」並且聽所有人的回答。像這樣只要一句話，就可以知道那些無法從表情判斷想法的人，他們真正的想法與心情。

那些覺得「在線上很難察覺對方的心情」的人，是不是大多沒有去詢問對方的想法呢？像是「你現在有什麼感覺」或是「你現在是什麼心情」等問題。而詢問的時機建議可以在休息時間之前。

比方說：「我們5分鐘後休息，現在請大家說一句現在的感想」，像這樣先做休息預告後再詢問他們的感想。為什麼要這樣做呢？因為休息前心情會比較放鬆，這個時機點大家比較有多餘的心思可以思考，也就比較容易說出感想。在休息之前先預告待會的休息時間，可

以帶給對方安心感，讓參加者因此覺得：「雖然要發表很緊張，不過還好等一下就可以休息了」。

還有，在一個主題結束時，可以先確認：「大家有沒有什麼問題或是不懂的地方？」讓大家輪流說一句話。這種確認方式參加者也會感到開心。

另外，在一個大主題結束時，再一次聽取參加者的心得也很重要。如果有些人臉上出現動搖的神情，就可以問他們：「你現在有什麼感覺？」可以的話最好聽2～3人的感想。不只是發表的人，其他一起聽的參加者也會有很多收穫。

在線上研討會中，參加者很容易就會誤以為只要聽講師說話就好，但其實理解其他參加者的想法也很重要。聽別人發表感想時，可以確認其他人在想什麼，以及感受到什麼。所以，在每一個小主題或是大主題結束時請參加者發表一句話很重要。

有時候即使有一些想法，但是沒有說出口的話就不會留在記憶中。不論研討會本身有多麼優秀，如果沒有預留參加者發表感想的時間的話，參加者既不會留下深刻的印象，滿意度也會降低。

再加上，每當參加者分享自己的心情與感想時，不要忘記給對方正向的鼓勵，並感謝他的分享，像是：「謝謝你分享那麼棒的感想」等。像這樣簡單的一句回應也會讓參加者感到開心。傳達體貼的話也是很重要的一件事。

2 在最後結語（check out）的時間請所有人發言

暖場（check in）是指參加研討會時，為了讓參加者可以融入，所以請大家分享開始的第一句話。另一方面，結語是指研討會最後，請每個參加者分享一句感想或是他的發現。

雖然很少講師會在線上研討會時實際執行結語，但是沒有這個流程的話，線上研討會的價值也會減半。如果講師希望參加者願意再次報名研討會的話，就需要加入結語，向每一個人傳達一句貼近他們感受的話。

關於結語成功的祕訣，首先可以先分成小組討論。預留一個沒有講師，大家可以自在對話的時間。當小組內的結語結束後，再進行所有人的結語。這樣參加者就可以比較自然地在所有人面前分享自己的感想。

而講師也可以藉此機會聽到所有的人感想，所以有時候也會聽到自己也不曾注意過的研討會優點。再加上這些感想其他的參加者也會一起聽到，也會提升他們對研討會的滿意度。

研討會的收穫來自於講師與參加者雙方。在這之中也不要忘記把重點放在從參加者身上學到的東西。然而，講師常常因為時間不夠就省略結語的時間，所以在研討會中就要不時調整時間表，並下定決心一定要完成結語的部分。研討會的最後有沒有結語的時間會大大影響參加者的滿意度。

在企業研修時，把參加者述說感想的部分剪輯成一段影片傳給負責人的話，他們都很開心。因為參加者在最後會完整描述他們研修的成果，所以這是一個最簡單易懂的成果報告。

第5章

線上溝通的成功法則～參加者篇

成功法則15 請參加者談論喜歡的事物

1 請參加者選出一個喜歡的事物

這是一個在線上活動製造氣氛時十分簡單有效的方法。就是決定一個主題，聽參加者說出「喜歡哪一個」。

首先，重點是要先跟參加者說明，當他們選出一個喜歡的事物之後，要接著說明喜歡的理由。

舉例來說，如果主題是「海與山」，那麼就請參加者從海與山中選出一個喜歡的，再讓每一個人輪流說明理由。其他的參加者也能藉由傾聽每一個人喜歡海或山的理由，學習同理心，或者是找出自己與他人的不同之處。在這裡，參加者可能會發現有人和自己有同樣的想法，或者是發覺到「原來有人的想法是這樣」等，藉此對他人產生親切感或是好奇心。然後，在這些平淡的發言中也可以理解他人的個性。

其他的主題可以是「鄉下與都市」、「肉類料理與海鮮料理」、「透天厝與大樓」、「棒球與足球」、「烏龍麵與蕎麥麵」等。如果參加者人數較多時，可以分成5人小組互相討論。並且指派小組中的其中一人擔任主持人。

隨著主題不斷變更，參加者也會慢慢習慣發言。而且當大家說到自己喜歡的事物時表情都在笑，笑容也會在傳染給周遭的人。這麼一來，說話的人會發現在場的人都帶著笑容傾聽自己，便會產生自己被接納的感覺。不管是聽的人還是說的人都會感到心情愉悅，並且展露出滿面的笑容。

這個習作中可以藉由知道每個人重視的事物，互相理解彼此的價值觀。互相理解彼此的價值觀後，即使對方與自己的價值觀不同還是給予尊重與認同。這樣就可以為安全舒適、令人安心的環境打下一個良好的基礎。

這時，重要的是不要以自己的價值觀判斷對方的對錯。當聽到對方闡述喜歡的理由後通常都會恍然大悟，也有人說可以藉此互相理解對方的本質。而且，在找到自己與對方的共通點時一股親切感便會油然而生。

舉例來說，如果以「鄉下與都市」為主題，很多人都會講到自己故鄉的話題，這麼一來必可以自然而然得知對方的成長環境。當你聽到對方是北海道出身時，就可以當場對他說：

「北海道的食物都很好吃呢」。像這樣的對話也有助於打造安全舒適、令人安心的空間。

有不少人害怕在人前說話。講師如果請大家自由發揮，因為並不擅長閒聊，他們也不知道該說什麼才好。他們會擔心聽的人會有什麼想法，如果被別人否定時該如何是好。所以就算有說話的機會，他們也會很想逃開。對於這樣的人，用問「你喜歡哪一個？」的方式讓他們輕鬆開口說話。

在線上會議時也是一樣，我建議可以在進入正題之前先進行這個習作。在一開始打造好環境的話，很多人就會與往常不同，踴躍地發表意見。

2 請參加者分享喜歡的事物以及興趣

有別人聽自己說話時，人就會感到滿足。在線上研討會也是一樣。如果主題是喜歡的事物的話就更是如此。

因此，就讓每一個人輪流說自己的興趣。運動、電動、旅行、電影等，當有人分享時，就會找到彼此相同的興趣，或喜歡的東西的共通點，這麼一來關係就會變得比較親密。有一位參加者說他的興趣是看電影，當問他最喜歡的電影是什麼，他回答是《回到未來》，而有一半以上的參加者都喜歡這部電影，所以氣氛一下就變得熱絡，每個人都綻放出笑容。

聊到喜歡的藝人時，一樣可以創造出歡樂的氣氛。不分男女，只要聊到自己喜歡的藝人時，大家都會笑得很開心，聽的人也會露出笑容。而參加者喜歡相同藝人的情況意外地多，也會因此產生夥伴意識。某位男性說自己喜歡的藝人是「綾瀨遙」的時候，有一半的人都點頭附和。又再度產生夥伴意識。那位男性只是說出「綾瀨遙」的名字臉上便浮現出笑容。不知道是不是回想起「綾瀨遙」美麗的笑容，所以自己也笑了。不用我說你應該也知道，他的笑容也感染了身旁的人。

另外，可能的話可以讓男女兩人一組，互相問對方「想要和怎樣的人結婚」，這也是一個可以讓大家充滿笑容的主題。不只是未婚者，已婚者也會開心地討論這個話題。彷彿回到高中生時的心情。每個人分享3分鐘，總共6分鐘的習作一轉眼就結束了，甚至還有一些組別覺得聊不夠。

成功法則16 用習作打造舒適、安心的環境

在這章節中，我會說明可以立刻實踐的習作。只要運用這些習作，參加者就能開心地參加研討會，並且自然打造出安全舒適、令人安心的環境。

①雙手抱胸習作

請大家「雙手抱胸」，並確認哪一隻手在上面。接下來，請他們把在上面那隻手與下面那隻手互換抱胸。這樣應該就會感覺到有些不對勁。

在參加者當中，有人在雙手交換時手轉來轉去還是無法成功。因為習慣會讓你自動將固定的那隻手放在上面。這個習作可以讓參加者實際感受到人是基於習慣在動作的。

●雙手抱胸習作的進行方式

「現在開始雙手抱胸習作。當我說『開始』的時候請大家雙手抱胸。開始！」

（在畫面中確認所有人都在做雙手抱胸的動作）

「謝謝。請大家記住自己雙手抱胸時哪一隻手在上面。再來要改成讓另外一隻手在上，做雙手抱胸的動作。現在要將原本在上的手放到下面。當我說『開始』的時候請開始動作。開始！」

（在畫面中確認所有人都有做相反的抱胸動作。並且點名看起來很慌亂的人）

「○○先生做起來好像不太習慣的樣子，你現在是什麼感覺呢？」

——「好像有點怪怪的。」

「你覺得為什麼會這樣呢？」

——「應該是因為平常沒有這樣做吧。」

「沒錯。那麼用一個詞形容平常在做的事情是？」

——「嗯……是習慣嗎？」

「叮咚！沒錯。就是習慣。我想大家都知道人是依照習慣在行動。今天，我一直在強調的笑容、點頭附和、眼神接觸等全部都是習慣。希望大家在線上活動時聽講的方式，也能活用今天在研討會中學到東西，成為一種習慣。」

可以運用像這樣的問答方式進行習作。

②好與壞的拍手方式習作

要在線上活動中打造安全舒適、令人安心的環境有很多種方法，其中既簡單又能立刻出現效果的就是拍手了。這個簡單的習作可以讓參加者知道拍手的重要性。

講師輪流詢問每一個參加者：「你覺得不好的拍手方式是什麼？」。大家就會回答：「沒有發出聲音的拍手」、「沒有笑容的拍手」、「沒有看對方的拍手」、「很不耐煩的拍手」、「沒有放感情的拍手」等。

之後，從參加者當中選一個人出來，讓小組內的成員對他做「不好的拍手方式」。接著讓所有人觀察那個人的表情，那個人的表情應該會變得陰沉。

接下來就問參加者：「那麼好的拍手方式是怎麼樣的呢？」。他們就會回答：「有笑容的拍手」、「大聲拍手」、「拍手時有眼神接觸」、「真心地拍手」等。接著也對著同一個人做好的拍手方式。

接著詢問被拍手的那個人有什麼樣的感想。他可能會說：「在不好的拍手時，我會覺得很難過，想當場離開。但是當大家對我做好的拍手時，我發現只是拍手就能夠變得心情愉快而且獲得能量」。

我們知道藉由拍手稱讚可以讓對方開心。但是如果拍手的力道太小，而且沒有面帶笑容的話反而會成為反效果。這是一個可以同時體驗到好與不好的拍手方式的習作，所以可能會發覺自己之前都用錯方式拍手。拍手不是只要有做就好，你會發現笑容與真心讚美對方的心意也很重要。

比方說，當你想要表揚某人的時候。拍手的力道太小就會很尷尬。在線上活動時，有真心誠意地拍手與團隊中每個人的笑容的話，就會令人感到開心。

●拍手習作的方法

「你覺得不好的拍手方式是什麼？」

（讓每一個人輪流回答。接著選出一位體驗者）

「好，那麼我們現在要讓〇〇先生體驗不好的拍手。我會很有活力地下指示，請大家不要被我影響，用不好的拍手方式對他拍手。那麼，大家請給今日表現最佳的〇〇先生一個熱烈的掌聲。」

（所有人用不好的方式拍手）

「〇〇先生，你現在感覺怎麼樣？」

（訪問○○先生的感想）

「現在我想問大家覺得什麼樣的拍手是好的？」

（輪流問每一個人答案）

「那現在請對○○先生做好的拍手。這次請跟著我的指示，請大家給今日表現最佳的○○先生一個熱烈的掌聲！」

（所有人用好的拍手方式對○○先生拍手。再次詢問○○先生現在的心情）

③「我是誰」謎語

請參加者讀以下的詩，用猜謎的方式問參加者「我是誰」。

＊

〈我是誰〉

我一直都在你的身邊。

我是你最依賴的助手，也是你背負著的重擔。

我會在背後將你推向成功，也會成為你的絆腳石令你失敗。

我會遵照你的指示動作。

你將要做的事交給我處理的話，
我就會快速且正確地執行。

對待我的方式很簡單。
只要給我正確的指示，這樣就夠了。
如果你明確地指示我該做什麼，
我只要做簡單的練習就能自動完成。
我是所有偉人的僕人，
而說來遺憾，我也是所有失敗者的僕人。

偉大的人都是因我而變得偉大。
失敗者搞砸的事也是我的錯。
我雖然不是機器，但與機器一樣正確，
我也如同知性的人類一樣聰明的運作。
你可以為了利益使用我，

也有可能因我出現破綻。

對我來說怎樣都無所謂。
你利用我、訓練我、給我指示，
我就能將世界送到你的腳邊。
但是，如果輕視我的話，你也會毀滅。

我是誰呢？
（作者不詳）

*

詢問參加者可能會得到不同的答案。
答案是習慣。雙手抱胸的習作是讓人察覺習慣的習作。而拍手的習作也是為了讓人養成好的拍手習慣。
在線上研討會中為了能夠有效率地聽講，必須讓每一個人都養成良好的習慣。只要集合有良好習慣的人，就能自然創造出安全舒適，令人安心的空間。

成功法則 17 簡單快速的團隊建立（Team Building）線上習作

1 令人感到幸福的提問

如果講師希望線上研討會的氣氛可以活潑明快的話，第一步就是以「喜歡的事物」為主題讓大家開朗愉快地分享。我會介紹兩個典型的問題範例。

①「吃的時候可以感到幸福的食物是什麼？」

請參加者想像令人感到幸福的食物。請他們選一個就好，然後讓所有人同時大聲唸出食物的名字。接下來請他們輪留說明原因。

「我覺得是燒肉。因為每次吃燒肉都會讓我覺得充滿活力」、「壽司，因為我喜歡海膽」、「蛋糕。因為我喜歡吃甜食」、「剛煮好的白飯。只要有剛煮好的飯我就會覺得很幸福」、「泡芙。我甚至想去吃泡芙吃到飽」等，他們會發表種類豐富的內容。

不過，如果問題是「幸福是什麼？」就會變得很難回答。因為大部分的人都沒有具體思考過幸福是什麼。所以很難想像出幸福的具體形象。

但是，想像令人感到幸福的食物時，就會浮現出具體的食物形象。甚至連享用那個食物的場景都會浮現出來。更進一步來說，還能回想起當時覺得幸福的心情。

這時，人就會出現幸福的表情與言行。其他參加者看到之後也會自然浮現幸福的表情。什麼食物會讓人感到幸福的話題可以讓參加者立刻進入幸福的氛圍之中。

②「童年最喜歡的遊戲是什麼？」

雖然討論兒時回憶已經是必備主題，但是請參加者發表「童年時喜歡的遊戲」的話，就會感覺回到孩提時期，並且帶著笑容跟大家分享。而且不只是心情像是回到孩提時期，有些人的表情也變得像是孩子一樣。

有某個公司的人提到三角簡易棒球。有人聊到跳橡皮筋繩、有人說踢罐子，也有人聊到遊戲機的話題。

當參加者分享某個遊戲時，其他人就會回想起自己玩那個遊戲時的回憶。談到相同的遊戲體驗時，就會一口氣拉近彼此心的距離。這對接下來的研討會也有炒熱氣氛的效果。

就如同我先前提過的，有件事你已經忘記一段時間，卻突然在某處聽到關鍵字時，會一口氣全部回想起來。這個幫助你回想記憶的契機就是「船錨」。當回憶起童年喜歡的遊戲時，這就成為契機讓你的心也一起回到童年，找出塵封已久的記憶。

專欄

關於船錨

我很喜歡披頭四。當聽到披頭四的音樂時我就會回想起國中時代的事，感到很懷念，連當時的心情也一併回想起來。另外，我是福岡出身的，每當我搭乘新幹線抵達博多站，感受到當地的氣味與溫度的時候，原本早已遺忘的九州方言就會脫口而出。這些「契機」就是所謂的船錨。

特意地使用船錨的效果，就可以改變自己的狀態。

2 繞口令習作

有些人就算體驗過刷牙笑臉體操表情還是很僵硬，沒辦法自然地微笑。這時候如果來做繞口令練習的話，就能幫助臉部肌肉放鬆。

做法很簡單，就是連續說三次「紅鳳凰、粉鳳凰，紅粉鳳凰、花鳳凰」或是「吃葡萄不吐葡萄皮，不吃葡萄倒吐葡萄皮」等繞口令。在線上研討會時可以給參加者30秒的練習時間，再讓他們輪流說繞口令。這樣做之後臉部肌肉就會放鬆，笑容也會比較自然。

而且看到別人說繞口令失敗時，其他人都會打從心裡笑得很開心。就算失敗也只會互相取笑，所以就能打造舒適安全、令人安心的場所，參加者之間的夥伴意識也會提升。

第6章

這種情況怎麼辦？
案例研究

第1節 如果遇到面無表情，或是表情很恐怖的人該怎麼做？

1 「面無表情」與「恐怖的表情」

面無表情的人大部分都沒有自覺。所以，首先可以先告訴他們面無表情的原因。也許他們平常生活中就是面無表情，所以自然而然就會擺出這張臉。

特別是從事律師、警察、醫生等特定職業的人，平常說話習慣就很嚴肅，所以就比較容易面無表情。或者是平常說話都必須壓抑喜怒哀樂等感情，所以容易說話時面無表情。

在線上活動中面無表情的人絕對不是因為他們不開心，你可以當作是他們不知道該擺出什麼樣的表情。先了解這點，再讓他們藉由笑容習作或是拍手習作等自然地展現出笑容。

另外，讓他們知道面無表情時其他人會怎麼想，以及面無表情時會給其他人產生什麼樣的印象也可以改善。比方說，讓所有男性都擺出面無表情的臉，也可以由講師示範，這樣透過畫面就會讓別人覺得：「面無表情的人看起來很可怕、難以親近」。如果參加者中有女性的話，就可以請她們說出真實的感想。

讓參加者實際體會面無表情的感覺很重要，我在線上研討會時一定會盡量安排這樣的體驗機會。

那麼，認真的表情就很好嗎？並不其然。認真的表情其實跟「可怕的表情」一樣，都會嚇到對方。很多人並沒有注意過這件事。這也是造成職權騷擾的原因之一，必須謹記在心。

可以實際讓參加者體驗看看認真的臉看起來是什麼樣子。公司的上司與管理階層的人幾乎都很認真嚴肅地在工作。但是對一般職員來說就只是可怕的表情而已。一般職員其實都盡可能不要靠近上司。但是上司本人卻覺得自己很溫柔，表情也有在笑。上司的工作就是找出問題與缺點，所以很容易就會板著一張臉，這也沒有辦法。所以需要讓他們知道自己的表情實際看起來如何，在現實生活中也要隨時注意。

為此，在線上研討會中，我也會讓參加者體驗「嚴肅的臉」。

先把Zoom調成圖庫檢視，並請其中一名參加者做出嚴肅的表情。其他人都先把視訊鏡頭關掉，只看那名參加者表演。之後請其他人分享感想，得到的感想通常都是「好像在生氣」、「不開心的臉」、「面無表情」等。

人數較多的情況，可以請所有男性參加者都一起做嚴肅的表情，再請所有女性參加者關掉視訊鏡頭，觀察男性的表情。接下來再詢問所有女性他們的感覺。通常都會立刻得到：「好可怕」、「很難向他們搭話！」等答案。

這麼一來參加者就會發現，在線上活動說話時很容易就會擺出嚴肅的表情，有可能會帶給對方不好的感受。如果參加者在圖庫檢視中看到其他參加者表情很可怕，也會覺得研討會的氣氛不愉快。經過這樣的體驗後，大家就會了解到在線上活動時笑容有多麼重要。經過實際體驗後的察覺才會有最佳的效果。

●「嚴肅表情」的實習方法

「那麼，我們現在要進行『嚴肅表情』的實習。請所有女性先將鏡頭關閉。而所有男性請依照我的指示作出嚴肅認真的表情。在10秒的時間內請盡量在心中想著嚴肅的事情。好，開始。」

（所有男性作出嚴肅的表情）

「接下來請做出兩倍嚴肅的臉。嚴肅的感覺也要兩倍。」

（經過10秒之後宣布結束）

「好，結束。各位女性可以保持鏡頭關閉的狀態跟我們分享妳的感想。○○小姐，妳覺得如何？」

（輪流聽完所有女性參加者的感想，通常會聽到：「很可怕」、「很難搭話」、「很難親近」等感想）

「好，現在請各位女性打開視訊鏡頭。雖然妳們的感想是很可怕、好像在生氣等，其實男性們只是做出認真嚴肅的表情而已。各位男性，是不是這樣？」

（向男性參加者確認。所有人都點頭）

這個實習是讓大家實際感受到在線上時「嚴肅的表情」跟「在生氣」的表情一樣。不論男性還是女性，他們都會深刻理解到自己必須注意在線上活動時臉上的表情，包括「面無表情」也是一樣。

2 「沒反應體驗」會大大改變參加者

接下來，我會分享我壓箱底的線上習作，這個習作可以讓線上研討會的氣氛產生戲劇性的改變。

參加者們並不知道，在研討會中，如果參加者都沒有任何反應的話講師會有多麼失落。這個線上習作就是讓參加者可以理解講師的感受。

內容是讓一位參加者分享自己愉快的體驗等，而其他參加者卻沒有任何反應。其他人會滑手機、打哈欠、站起來走動等，但是對說話的人及其內容都沒有任何反應。在10秒鐘的時間維持這樣的情境。這麼一來，他們就會發現：「原來在線上活動時，聽眾沒有任何反應的話會讓說話的人說不下去」。

之後再一次讓同一個人分享愉快的經驗。這次其他人要帶著笑容點頭或拍手回應。接著請說話的人分享自己的感想。我想各位也已經知道了，他會說：「跟上一次不同，我可以比較順暢地把話說下去。感覺也比較好。」

體驗過這個習作課之後，就會知道講者的感受和需求，並且改變想法，「我應該要點頭回應」、「我要面露笑容」等。在連續的研討會與企業研修我都會排入這個習作。

●「沒反應體驗」的習作方式

「現在開始進行沒有反應的體驗。我會請一個人分享他最近發生的好事。其他的人請無視他。沒有笑容，也不要點頭應和或是拍手。也不要有眼神接觸。只要偶爾看一下畫面就好。時間為10秒。」

（說10秒開心的話題）

「大家覺得怎麼樣呢？說話的人是什麼心情？其他的人呢？當你看到畫面中自己與其他人的表情時做何感想呢？」

（先聽說話的人的感想。他會回答很難受，很難繼續說下去等）

「那麼，這次請面帶笑容做出點頭應和、眼神接觸等動作。拍手也可以。主題一樣是最近發生的好事。好，請開始。」

（說10秒開心的話題）

「謝謝○○的分享。你覺得這次跟剛才有什麼不一樣的地方？」

（請○○說感想。可能會回答說話比較順暢、很開心、變得很愉快等）

3 了解「麥拉賓法則」的真正意涵

你有聽過「麥拉賓法則」這個詞嗎？這是由美國的心理學家艾伯特・麥拉賓（Albert Mehrabian）根據「人在交流時會基於什麼樣的資訊判斷他人」做實驗統整結果後所提倡的概念。

人與人之間在面對面交流時會取決於三個要素（語言訊息、聽覺訊息、視覺訊息）。麥拉賓實驗這三個要素在溝通時各會產生什麼程度的影響。

舉例來說，他先準備「喜歡」、「討厭」與「沒意見」的表情照片，將各個表情配上矛盾的語言給實驗對象看。也就是「謝謝」這句話搭配生氣表情的照片，與心情不好的口吻組合給實驗對象聽。這麼一來，如果實驗對象依照原本話語的意思感覺到好意的話，那就是語言訊息的影響力較強。相反地，如果實驗對象感覺到「不開心」的話，可能就是優先取得視覺或聽覺的訊息。

像這樣就可以調查出，當聽者獲得三個互相矛盾的要素時，他會必較重視哪一個資訊來源。在「表達善意與反感等感情時的溝通交流」這個特定條件下，語言訊息與聽覺訊息、視覺訊息相互矛盾時，對方重視的是「語言訊息：訊息的內容」占7％，「聽覺訊息：聲音的音調與口吻」占38％，「視覺訊息：身體語言或外在」占55％。

但是必須注意的是，如果你只看到數字的話，會誤以為語言訊息沒有價值。因為這個實驗的先決條件是「不一致的狀況」，所以結論絕對不是「非語言訊息比什麼都重要」。

而是：不管你如何用語言傳達「很開心」，但是表情與態度看起來都很無聊的話，「好無聊」的表情訊息會比「好開心」的語言更強烈地傳達給對方。

根據上述內容，我在研討會中會進行以下的習作。也就是讓參加者體驗表情、聲調與語言不一致的情況。

我會讓參加者帶著笑容，語調輕柔地說：「笨蛋」。只要帶著笑容，即使口出惡言，有時候對方反而會感到開心。所以在三個要素不一致的狀況下，最容易傳達給對方的是表情。

當然也有相反的情況。不管你如何把對方稱讚得天花亂墜，如果面無表情的話對方也不會接收到。「早安」的打招呼也是一樣。充滿朝氣地打招呼很重要，但是面無表情的話就不會傳達給對方。在現實生活中也是一樣的道理，而在臉部放大的線上活動中，表情會變得更加重要。

●「麥拉賓法則」不一致體驗的方法

「○○先生，現在請跟△△小姐打招呼。請說『早安』。不過臉要很臭，聲音要很陰沉。當我說『開始』的時候，請連續說三次。好，開始！」

（○○先生說「早安」）

「○○先生，這次請連續對△△小姐說三次『笨蛋』。表情要很開心，請用溫柔的聲音說。我說『開始』的時候就開始說。好，開始！」

（○○先生說「笨蛋」）

「△△小姐，妳現在有什麼感覺？跟他剛才說早安的時候有什麼差別？」

（聽△△小姐的感想。可能有：說「早安」的時候我不覺得開心。雖然說我是「笨蛋」但感覺比較開心等）

第2節 要如何讓所有人積極地參加？

1 讓參加者分擔主辦的工作

有一個最簡單的方法可以讓所有人積極地投入活動中，那就是：「聽得到我的聲音嗎？聽得到的人請做OK手勢」，讓大家回應。

可以在適當的時機多次發問，讓參加者扮演助手的角色參與其中。講師一直重複這個問題的話，積極比出OK手勢的參加者也會增加。這就是請參加者扮演助手的意思。

還有一個方法，可以請參加者當講師，這也是一個可以有效學習的方式。

選擇簡單的習作就可以了，在講師示範完之後，換參加者當講師實際示範一次。比方說像是刷牙笑臉體操這種簡單的習作。在講師做完一次之後，立刻指派一名參加者當助教，並請他實際示範一次。可以選一個笑容很棒的人對他說：「○○先生，請你當刷牙笑容的講師示範一次」，直接請他擔任主辦方的角色。

同樣地，也可以請其他參加者擔任助教，這樣現場氣氛就會煥然一新。只要加入像是即興發揮的設計，參加者的眼神就會閃爍著光芒。而且被我指名當助教的參加者幾乎都表現得很好。

在他們的任務結束時，我會用最大程度的感謝之意大聲說：「合格！」並且用雙手比出一個大大的圈。請參加者擔任助手就可以打造一個互相學習的環境。原本被動的參加者變成一起打造研討會的工作人員。

為什麼被指名助教的人都可以完美達成習作呢？答案很簡單，那是因為我故意選擇表現好的人當助教。從一進研討會時的閒聊內容，以及平常的笑容等，都可以得知一個人的潛力。祕訣就是選擇笑得很開心的人，或是社交能力高的人。

可能的話我會讓每一個人都有機會體驗當助手，雖然我會盡量讓所有參加者都輪到，不過第一個人是重點。如果第一個當助手的人表現很好，看到他的成功經驗後其他人就會覺得「我也辦得到」，自然地就會願意當助手。從講師的角度來看，重要的是從參加者當中選出一個最有潛力的人，並第一個指名他。

2 盡量預留與參加者說話的機會&時間

每一個參加者說話的機會與時間的多寡，會與線上研討會的滿意度成正比。而且參加者說話時間越長，就表示講師不用獨自奮鬥。

有些研討會打著（講師與參加者）互相交流型研討會的名義，卻只有講師單方面對參加者提問，如果雙方沒有互相對話的話那就本末倒置了。所以講師不能偏心，需要公平地與每一個參加者對話。為此需要先做好名單，發問時也要在名單上做紀錄。

這種情況下，你需要做的事前準備的就是確保你有足夠時間認識每一個人。今天來參加的是怎樣的人？你必須對照名單並關心每一個人。如果沒有事前準備名單，並且掌握每一個人的個性，你就無法說出能夠觸動到對方的話語。

了解對方的資訊。如果是第一次參加，那是誰介紹來的？是從哪裡得到資訊的？他有閱讀我的電子刊物嗎？他在Facebook上有什麼貼文？等，這些資訊都可以事前掌握。要了解一個人必須用盡全力。時間很短也沒關係，在這段時間中成為全世界最想了解他的人吧。

要怎麼做才能和那個人有良好的交流呢？你有預留事前準備的時間嗎？你是在完全沒有任何資訊的情況下，突然跟畫面中的人物開啟對話嗎？只要稍微調查一下，就可以知道他住哪、做什麼工作、興趣是什麼等，可以獲得很多資訊。只要事先準備好，就算是在線上初次見面的人，問問題時也能有效引導對方發言。

當然，就算是第二次參加，或是已經參加過很多次的人，也要事先確認對方近期的Facebook貼文。因為這樣就能掌握他現在的煩惱或是身處的情況等。如果你知道他「最近很累」的話，在研討會中就可以多對他說一些溫暖的話語。雖然每個人的煩惱還是需要靠他們自己面對，但是我們可以給他們支持，幫助他們去面對與解決。

在沒有見面的時候也要重視對方。而且在那個瞬間，全世界你最愛的人就是他。我是這麼想的。即使只有5分鐘，如果有一個人全心全意為自己著想的話，我相信那個人一定會得到幸福。

即使你想要盡量跟每一個參加者對話，有時候還是會有意想不到的阻礙。在研討會中，有些人一旦打開話匣子就停不下來。這種情況該怎麼做？

如果碰到這種情況，可以稍微用大一點的聲音打斷他：「〇〇先生，謝謝你的分享！」並且再加上「△△小姐還沒有分享到，接下來我們請△△小姐發表」。用「謝謝」中斷話題，並且將發言時間轉交給其他人，我想這麼做的話被打斷的人也能乾脆地接受。

3 使用線上活動專用的破冰橋段

加入簡單的線上活動破冰橋段吧！我常用的方式就是「用手比一體驗」。只要讓大家體驗這個活動，氣氛就會不可思議地熱絡起來。這是麥拉賓法則的應用，可以實際感受到在與人交流時表情是最佳的表現方式。

●「用手比一體驗」

這是只要1分鐘就能打起精神來的體驗。臉稍微朝上，用一隻手的食指指向天空，然後帶著笑容說：「我不要」、「不可能」、「我做不到」等否定的話語。這樣就可以體驗到對著天空笑著說，即使是否定的語言，心情也會變得正向開朗。

儘管我們時常想著不要說這些負面言詞，在日常生活中還是會不小心脫口而出。這種時候就帶著笑容往上看吧。這樣心情會變得比較輕鬆，即使說著負面的語言，還是會變得開朗有活力。

雖然在線上活動時視訊鏡頭可能會拍不到，不過可以站起來，單手插腰擺出「比一的姿勢」。這樣會更有效果。力道也會增強。

而女性可以擺出神力女超人的姿勢雙手叉腰，男性可以用雙手擺出勝利姿勢，這樣效果也會增加。這時可以用肯定的語言說：「我做得到」、「我做得到」、「我做得到」。這樣就會湧現出自信，真的就能夠做到了。

4 不發表意見的時候

在線上活動時，常會有突然問對方問題，而對方無法立刻回答的情況發生。這種情況可以預留時間讓他們先思考，並請他們寫下來。這稱為「寫筆記」。

比方說，「公司內為什麼沒有徹底執行『報告、聯絡、討論』的流程？」只有1分鐘也沒關係，請大家在筆記本上寫下理由」。寫完之後，「現在請大家直接念出自己所寫的內容，請每一個人輪流發表」。這樣做的話每個人都能自然地說出意見。

如果一直都沒有人發表意見時，在線上會議時有一個可以立刻使用的方法。那就是「分組討論法」。開會時人數越多心理上就覺得越難發言，物理的發言機會也會變得比較少。這時，如果「希望在場所有人都要發言」或是「需要深思熟慮的意見」，就可將成員分成小組討論（4～5人）。

分成小組後，所有人發言的機會就會增加，之後也可以對所有人發表在小組討論中得到的結論。

第3節 如何在線上活動中抓住聽眾的心？

1 講師不要說太多話（5分鐘內原則）

在第1章的內容中也曾提過，我在線上研討會開始的5分鐘之內會請所有參加者介紹自己的姓名、從哪裡來（縣市）、以及從事什麼工作。我認為這是研討會進展的重點，我一定會先做這件事。

為什麼這5分鐘會成為研討會進行的關鍵呢？因為參加者有沒有實際感受到自己身在研討會之中，取決於他們有沒有在研討會中發言。在研討會開始的前5分鐘，讓每個人說10秒鐘的話，就能成為融入研討會的契機。

在接下來的30分鐘內，在暖場時有預留一段時間讓參加者分享自己的事。在第1章也有提過，主題如果訂為「最近發生的好事」等，就不會有太大的問題。接下來，在研討會中一一跟每一位參加者說話也很重要。要認真看著每一個人的表情對話。這就是在研討會中抓住參加者的心的祕訣。

避免參加者在線上研討會中感到無聊，思考一些對策也很重要。這是考驗講師的控場能力以及觀察參加者內心的能力。要從參加者的表情與態度中看出他們感到無聊的瞬間。

無聊的感覺也會傳染給周遭的人。所以，一但發現有人開始出現無聊的徵兆時，就必須針對他提出問題。「〇〇小姐，妳覺得這個怎麼樣呢？」、「〇〇先生，如果是你遇到這種情況你會怎麼做？」等，立刻問他們問題。這麼一來，他們就不會再感到無聊，其他參加者也會一起思考我提出的問題。

對參加者提問、點名、說話、或是詢問感想。除此之外也可以將講義的內容舉例說明，變得更好理解。另外，每當講師說到自己的失敗經驗時，幾乎所有人都會目光炯炯地聽講。說一些跟講義完全無關的閒聊話題也是個讓感到無聊的參加者重新集中注意力的方式。

還有一個方法，就是請參加者做某個行動，這對預防無聊也很有效。在線上活動時請參加者將答案打在聊天室中，也是一個很好的方式。

出謎語考考大家、請大家寫問卷、或是寫一些關於研討會內容的意見等，可以多花一些心思思考各種預防無聊的方式。還有，講師也必須要回應參加者寫下的內容。

2 不讓參加者感到無聊的說話方式

這是在線上研討會時不會讓參加者感到無聊的說話技巧，我將在以下歸納出三個重點。

① 盡量將句子縮短

講師說話時如果一直無止境地延長，聽者就會越來越難理解內容。所以說話時要注意逗點與句點。

句點是指一句話結束時的「。」符號。逗點則是句子中間停頓所打的「，」符號。但是如果太常使用逗點的話，句子就會拖拖拉拉一直延長，導致別人難以理解說話的內容。比方說「因為……，所以……，關於……，就會發生……問題，而要解決……，……的人雖然贊成……，但是我覺得……比較好」。像這樣就會變成完全不知所云的句子。

這麼一來，在線上研討會時聽眾會無法集中注意力。如果看到參加者出現無聊的表情，其中很大的原因就是一句話太過冗長。雖然我也理解講師拚命想要傳達的心情，但是還是要多使用句點，讓句子變得比較短。作為參考，我認為一句話最多50個字就是極限了。

②不要一直說「必須做的事」而是說「不做也可以的事」

當線上研討會講師說得口若懸河時，常常對參加者說很多「必須做的事」。彼得・杜拉克（Peter Drucker）也說過，重要的不是優先順位，而是決定不要做的事。如果一直對參加者說必須做的事，參加者就會沒有動力。

當杯中裝滿水時，就無法再放入新的知識。但如果先說一些話淨空杯子，語言就能自然進入腦中。先告訴參加者可以不用做哪些事，讓他們重新整理頭腦，參加者的腦中自然就會清出空間，吸收講師所說的重要內容。

③不要老是說「我覺得～」，應該說定論

想要激起參加者行動力的話，講師也必須注意參加者的說話方式。

沒有具體行動的參加者，他們的說話方式有一些特徵。像是：「我覺得我想要做～」就結束話題。也就是說終點只要在「思考」的階段就夠了。雖然的確有辦法實現，但是「有在思考的自己」就足夠了，因此不會伴隨著行動。所以這個語言背後會有「我有在想，可是也

許我做不到」的逃避心理。

但是，只要把參加者的說法改成「我要做～」，就可以激起參加者的行動力。因為這樣就能踏出成功的第一步。所以講師自己說話的時候也要充滿自信地下定論。常用「我覺得～」的講師，會讓參加者覺得是個沒有自信的講師。

3 不要用命令、否定的話語下指示（講師要示範）

講師會希望可以用語言讓參加者行動。比方說：「希望你們可以再多一點笑容」或是「掌聲可以再熱烈一點」等。

但是，這樣只會造成反效果。因為參加者會覺得被命令，所以反而會失去參加者的信任。講師想要讓參加者做某些事時，並不需要特別說出來。

比方說講師想要表達：「在線上活動時，希望你們可以盡量露出笑容」，那麼講師只要自己做給參加者看就好了。如果你希望參加者在這個空間可以快樂地玩耍，那就不能用命令的方式強迫他們做事。不過，如果研討會本身還不是一個快樂的空間，那就不會有再現性，所以「做這件事很開心大家一起做吧」，必須要從講師開始做起。這也是一個主持人可以運用的技巧。

看到講師自然示範的樣子，參加者也會在無意識中被影響。講師在示範時如果充滿魅力，參加者也會被感染，自然就會融入其中。

第4節 人數多或少時需要做哪些準備？

1 講師心態需要隨參加人數的多寡做哪些調整？

不論人數多或少，講師必須注意的只有參加者可以說多少話。計算每一個參加者在研討會中總共可以說話的時間有多少是講師的第一要務。

因此，人數越多分組討論的次數也要越多。因為這樣可以確保參加者之間互相對話與傾聽的時間。如果只有講師單方面說話，參加者的滿意度也會下降，因此要避免這種狀況。

那怎樣算是人數多呢？像我的話絕對不會舉辦15人以上的研討會。如果有人提出：「請辦30人的研討會」的話，那我就會放棄舉辦互相交流型的研討會。因為我知道這麼做一定會降低參加者的滿意度。「講師養成講座藤咲塾」實際上有50名學員，但是我會分5次，每次10人舉辦。既然我強調的是互相交流型的研討會，那我就不會舉辦沒有辦法互相交流的15人以上研討會。

另一方面，當參加者有10人的狀況下，分組討論時分成兩組，每組5人是最好的安排。如果希望參加者之間的關係可以變得更緊密的話，分組討論讓兩個人一組會更有效果。可以的話男女一組最好。就算是僅僅1分鐘的回顧，兩個人交談過後的表情也會截然不同。如果改變主題，增加兩人對話的機會，就能自然營造出舒適安全、令人安心的氣氛。

在線上研討會分組討論時，如果可以把小組的標準人數控制在5個人之內討論就能順利進行。這種情況的男女比例為男性3位、女性2位最好。若是女性參加者比例較高的研討會，那女性3位、男性2位也可以。

如果5個人當中都是男性的話，氣氛會比較不熱絡，討論也會不太順利。就算是女性參加者較少的研討會也盡量在每一組中安排1位女性比較好。

關於參加者總人數較少的注意事項，我的話在研討會體驗課中會故意設定5人以下的小班制。因為這樣可以爭取比較多與個別參加者說話的時間。

曾經有一次研討會只有一個人參加。這種情況我就會捨棄原本的預定課程，增加單獨討論與問問題的時間，這麼一來滿意度也會大增。像這樣的研討會也有一種有如在家中的溫馨感。打造出「今天是專門為你舉辦的研討會喔」的氣氛，參加者也會成為你的忠實粉絲。

經營研討會的祕訣就是盡量爭取參加者發言的次數與時間。每個人的發言次數與時間會跟滿意度成正比。

這麼一來參加者與講師也會建立良好的關係，參加者之間的感情也會變得深厚。當參加者自己發言時，他就不再是研討會的旁觀者，而是成為一個積極的參與者。

後記

——只有懂得改變的人才會留下——

2021年，時代遭逢巨變時，我決定要寫下這本書。很快地，活用線上工具成為主流的時代來臨。在這個新時代中，只剩下有能力在線上打造安全舒適、令人安心的環境的人，以及有線上交流能力的人才得以生存。

「最強的人不會殘存、最聰明的人也不會活下去，唯一能留下的只有懂得改變的人。」這是「進化論」中達爾文的名言。也就是說，講師們原本只需要在面對面的實體企業研修與研討會上課，但是不能順應時代變化舉辦線上研討會的話，就會被新時代淘汰。公司的會議也一樣，無法活用線上會議的員工就不再被時代所需要。也許疫情總有一天會結束，但即使疫情結束，線上研討會與線上會議的必要性還是會留下。因為企業的遠距上班模式一定只會越來越發達。

有許多人說希望我可以教大家如何舉辦有效果且容易實際執行的研討會，因此才有了本書的誕生。我也聽到許多聲音說在線上活動時，參加者沒有笑容、不發表意見、有人中途離席等各式各樣的困擾。也有人說身為線上研討會的主辦人，自己也覺得研討會很不快樂。因此為了解決這些困擾，我在書中詳細說明了17個成功法則以及4個研究案例。

在線上研討會與會議中，如何才能打造出安全舒適、令人安心的氣氛？線上活動時，要如何促進參加者與講師，以及參加者之間的對話？這些方法都記錄在本書中，如果讀者讀完之後能夠有所幫助的話，我會感到十分榮幸。並且感謝您閱讀到最後。

固定每個月召開，研究如何活用線上工具與技巧的「線上研討會講師力提升研究會」的成員，為本書提供許多成功案例與失敗案例的書寫靈感。因為有志同道合的研究會夥伴們的幫助才得以完成本書，我由衷感謝他們。謝謝。

最後，一直以來給予我支持的美麗又溫柔的太太都史子、聰明可靠的兒子祐樹，以及笑容無敵的可愛女兒美和，我要向他們致上最大的「謝謝」。

【線上研討會講師力提升研究會的夥伴們（敬稱省略）】

青木基和、石田信隆、石野博康、上田健一、唐澤正樹、椎名昌之、関口奈穂美、寺田達也、西尾行雄、原田雅美、御代田裕介、磯田優子、佐野麻衣子、岩月宣雄、石川靖、吾妻要治、吉野ジェミリン、磯部香、鈴木芳男、岩月真由美、柳沼史恵、片岡史幸、大西 浩、竹田雅人、大村茂樹、稲尾公貴、高橋克典、田村由理、前川 健、浜田順子、増田葉子、笹井茂樹、尾形奈美、増山慎一、宇都陽一郎、西尾茂和、福山巖、大野敏夫、蓑田真吾、田崎雅美、南 幸惠、佐々木容子、関口裕太郎、石原誠吾、松下みさ、小宮美佳子、水上加代子、野田祐樹、根岸久美子、三橋伸一、赤坂利彦

〈附錄〉

建立舒適安全、安心的線上研討會20項檢查表

為了打造出線上研討會舒適安全、令人安心的環境，我設計了一份20項檢查表，添加在附錄。

比方說在檢查表中的（1）「研討會前，我會擦上振奮精神的香水或乳液，整理儀容、宣示自我肯定」，開始前的心理準備很重要。整理好儀容，可以帶著：「今天從現在開始我

將會全力以赴，讓聽者都可以感到幸福」這樣的心情，念誦自己準備的自我肯定宣言。

接下來，可以依照每個人的習慣擦上香水或乳液，開啟振奮精神的開關。我自己也會在線上研討會開始前擦上我喜歡的香水或乳液。我曾經和一位很優秀的女性線上講師聊天，她會混和搭配自己喜歡的香水，並在研討會之前擦上。

線上研討會時，講師會觀察參加者的表情。當然大部分的講師都是把參加者視為學生，但其實也有講師帶著其他目的在觀察參加者。

比方說，有些講師在觀察有沒有適合當工作夥伴的人，也就是在面試。如果他覺得有不錯的人選，便會在研討會後傳訊息邀請。另外，參加者之間也會互相觀察，互相面試。

有可能會在本人也不知道的情況下失去機會。其中的重點在於表情。在參加者之間如果覺得某個人不錯的話，就會在研討會之中開始交流。而之後有可能會有工作上的支援或是邀請。我也很常聽到有人在參加研討會後從其他參加者中收到工作邀約。而收益甚至是研討會報名費的十倍以上。

換句話說，第一印象非常重要。如果沒有整理好儀容或是注意自己的表情，很可能在不知不覺中面試落榜。

有些人為了看清楚資料上的文字，會準備27吋的螢幕，這麼一來，在5位參加者的線上研討會中，每個人的臉就有寬15公分，高10公分的大小，清楚地顯示在螢幕上。髮型與皮膚狀況都會看得一清二楚，不過講師才是會被所有參加者注目的對象。因為研討會多數時間都是講師在說話，所以也是理所當然的。講師的臉色很差的話，光是這樣就有可能被烙印上不合格講師的印記。

檢查表中還有一項，（8）的「『線上AIUEO』已成為我的習慣」，線上AIUEO是指以下的文字。

A＝打招呼（あいさつ）
I＝稱讚（いいね）
U＝點頭附和（うなずき）
E＝笑容（えがお）
O＝感謝（お礼）

（一般社團法人日本讚美語卡片協會 代表理事 藤咲德朗）

我將我在線上研討會中會隨時放上心上的行動整理成「線上ＡＩＵＥＯ」。只要做到線上ＡＩＵＥＯ就能自然打造出安全舒適、令人安心的空間。為了隨時提醒自己，可以寫在便條紙上並貼在電腦螢幕旁。

★以下 20 個問題，請在符合的數字上標記○。

＜建立舒適安全、安心的線上研討會20項檢查表＞

項　　目	評　價
	3…有達成 2…不確定 1…沒有達成
（1）研討會前，我會擦上振奮精神的香水或乳液，整理儀容，宣示自我肯定	3　2　1
（2）我重視學生的第一個笑容和問候	3　2　1
（3）我有活用謝謝的配置（在開始、中途、最後說三次「謝謝」）	3　2　1
（4）我有活用點名的配置（逐一叫出每位參加者的名字）	3　2　1
（5）我有在一開始的5分鐘內讓參加者發言	3　2　1
（6）我自己示範並引導參加者鼓掌與微笑	3　2　1
（7）每個人都有做 YES 動作。在研討會過程問一些簡單的問題，並要求參加者盡量用動作告訴我「YES」	3　2　1
（8）「線上AIUEO」已成為我的習慣	3　2　1
（9）我會自然地表現出線上活動的優點	3　2　1
（10）我有發現參加者的優點並用語言傳達出來	3　2　1
（11）我會用聊天和舉例的方式讓學員自己注意到問題	3　2　1
（12）研討會時，我會頻繁地在畫面中檢查自己的表情	3　2　1
（13）自我揭露家庭趣聞、失敗經驗等故事	3　2　1
（14）我在聽參加者發言時會點頭附和	3　2　1
（15）在研討會中，我會每隔30分鐘讓參加者互相交談	3　2　1
（16）傳達我的任務和願景	3　2　1
（17）我會以學習金字塔為基礎，以習作為中心進行研討會	3　2　1
（18）研討會結束前，我會預留時間讓參加者回顧課程，並讓所有人輪流分享	3　2　1
（19）研討會結束後，我會發送感謝的照片、影片及留言等當作禮物	3　2　1
（20）研討會結束後，我會查看影片，找出研討會的改進點，並運用於下一次講座	3　2　1

■ 作者簡歷 ■

藤咲德朗

1958年出生於福岡縣。在大阪長大。大阪市立大學經濟系畢業。
社會保險勞務士。研討會講師。Partners Link有限公司社長。
日本讚美語卡片協會理事長。
大學畢業後，在伊藤洋華堂學習店鋪經營，在總公司擔任海外業務負責人。之後，在一家娛樂公司內負責開設大學、也負責營運及擔任主要講師，並擔任該公司營業企劃室室長。2005年8月成立Partners Link有限公司。迄今為止，已為1000多家企業、15萬餘人進行團隊建立培訓。許多企業表示：「員工不再離職，職權騷擾消失，業績提升了」。此外，身為「專為研修講師打造的幸福企業研修講師養成講座——「藤咲塾」的負責人，提供線上和面對面兩種課程。此外，還有樂習團隊建立線上研討會、讚美線上研討會等，每年舉辦150多場線上研討會。

◆任務：給孩子們充滿希望與夢想的未來

◆願景：希望為他人著想與面帶笑容的人越來越多，創造一個充滿愛與真心與感謝的世界

◆持有證照：社會保險勞務士、美國NLP碩士課程、銷售員1級等

◆電子刊物：每天閱讀1分鐘就能消除壓力！～工作與生活都能變得幸福的「稱讚・認同・感謝的電子郵件研討會」（每日發行）、幸福企業研修講師養成藤咲塾1分鐘電子郵件研討會（每週二發行）、樂習線上團隊建立電子刊物（每週三發行）

◆書籍：《樂習團隊建立》セルバ出版
《一句話就能產生變化的讚美行銷術》コスモトゥーワン
《讓部屬快速成長的55個成功領導者習慣》セルバ出版
《設定高難度目標使人成長的23項祕訣》セルバ出版
＊書名皆為暫譯。

日本讚美語卡片協會：http://homekotoba.jp

線上即戰場！突破時代困境的遠距溝通術
內容設計、說話技巧……專業講師教你發揮實力不受限！

2022年3月1日初版第一刷發行

作　　者　藤咲德朗
譯　　者　李秦
編　　輯　曾羽辰
封面設計　鄭佳容
發 行 人　南部裕
發 行 所　台灣東販股份有限公司
＜網址＞http://www.tohan.com.tw
法律顧問　蕭雄淋律師
香港發行　萬里機構出版有限公司
＜地址＞香港北角英皇道499號北角工業大廈20樓
＜電話＞（852）2564-7511
＜傳真＞（852）2565-5539
＜電郵＞ info@wanlibk.com
＜網址＞ http://www.wanlibk.com
http://www.facebook.com/wanlibk
香港經銷　香港聯合書刊物流有限公司
＜地址＞香港荃灣德士古道220-248號
荃灣工業中心16樓
＜電話＞（852）2150-2100
＜傳真＞（852）2407-3062
＜電郵＞ info@suplogistics.com.hk
＜網址＞ http://www.suplogistics.com.hk